せつない！いきものの死に方図鑑

死去與活著都有意義！

生物死亡研究所

今泉忠明—監修
下間文恵—插畫
曾文宣—審定
台灣爬行類動物保育協會 常務理事
劉子韻—翻譯

時報出版

前言

無論是動物，或是地球上的任何生物，
最終都將迎接死亡。
在自然中生活的百獸或是蟲子、空中飛翔的鳥兒、
海裡游泳的魚，甚至是肉眼看不見的微生物，
每種生物都有各自生存的時限。
這樣想來，你是否會對
生物是如何生存或死亡感到好奇呢？
人類的生命充滿了各種艱辛，
但其他生物的一生也並不容易，
當中甚至還有些生命的結局
令人感到心痛。

例如：成蟲後不久就死亡的蟬；
被人類吃掉的雞；
無法承受過於嚴苛環境而倒下的皇帝企鵝；
變成殭屍的蝸牛等。
本書收錄了像這樣死得可憐，
生前卻又堅強活著的生物。

這些努力生存、繁衍後代的生物身影，
不僅帶給我們感動與勇氣，
同時也讓我們了解自然界的運作機制，
教導了我們現在活著是多麼重要的一件事。

今泉忠明

Chapter 1

生命轉瞬即逝，就死了

Chapter 2 太過忍耐，就死了

Chapter 3 因為不幸，就死了

Chapter 4 太敏感脆弱，就死了

Chapter 5 太過專精，就死了

Chapter 6

生物的生命時限

Column 專欄

本書使用方法

心痛的程度

從人類角度去看生物死亡原因所評定的心痛程度，並分為 5 個等級。

生物的基本資料

生物的名稱、分類、大小、壽命、棲息地等解說。

※ 壽命的算法包含了在卵內的時期。此處的壽命並非是人工飼養下的記錄，而是野生動物的壽命時間，可能會依據調查或是研究等而有所更動。

補充說明

- 此處所使用的生物名，採取一般大眾所認知的名稱。
- 分類的記載，因種名細分較為細緻，此處以總稱方式表述。
- 本書的資訊載至 2022 年為止，有可能會依據後續的研究而有所更動。

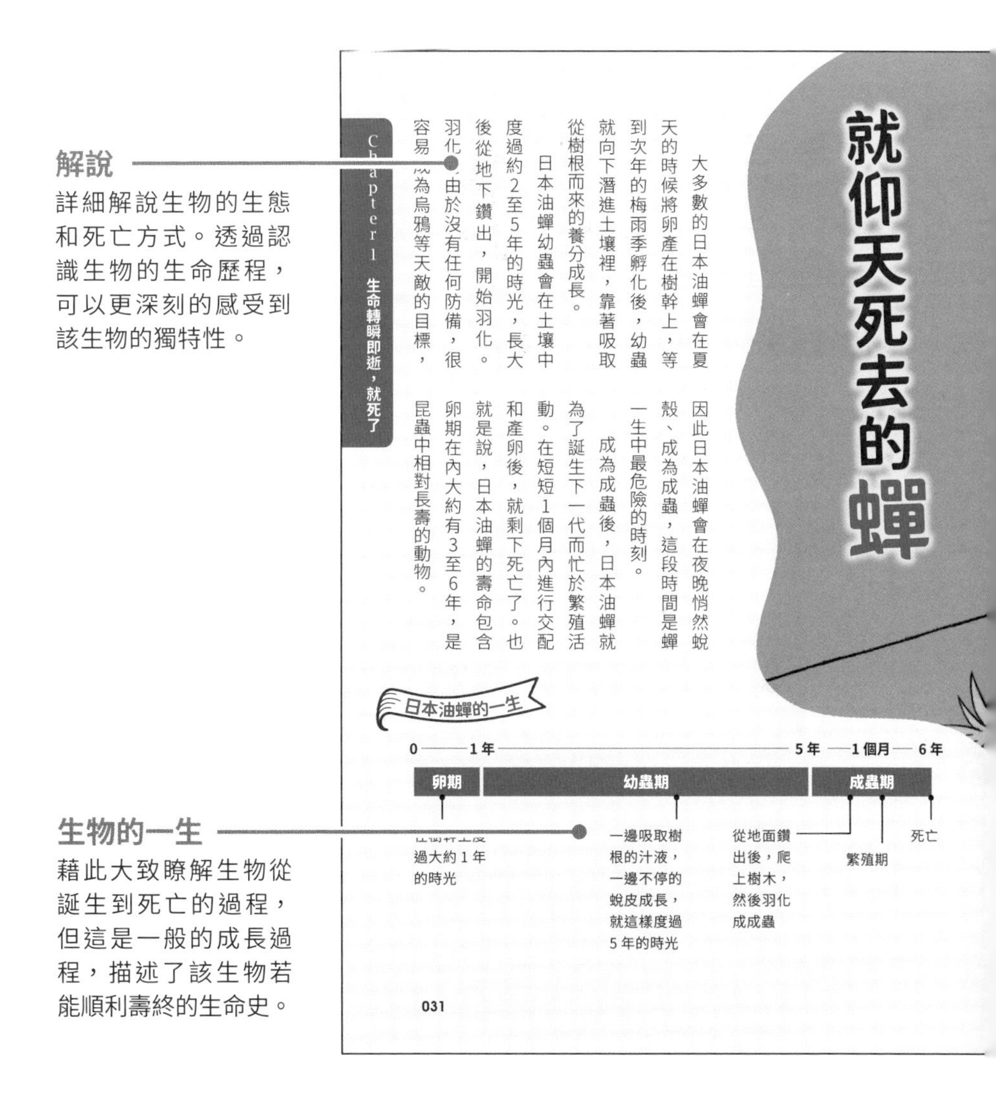

就仰天死去的蟬

Chapter 1 生命轉瞬即逝，就死了

大多數的日本油蟬會在夏天的時候將卵產在樹幹上，等到次年的梅雨季孵化後，幼蟲就向下潛進土壤裡，靠著吸取從樹根而來的養分成長。

日本油蟬幼蟲會在土壤中度過約2至5年的時光，長大後從地下鑽出，開始羽化。羽化時由於沒有任何防備，很容易成為烏鴉等天敵的目標，因此日本油蟬會在夜晚悄然蛻殼、成為成蟲，這段時間是蟬一生中最危險的時刻。

成為成蟲後，日本油蟬就為了誕生下一代而忙於繁殖活動。在短短1個月內進行交配和產卵後，就剩下死亡了。也就是說，日本油蟬的壽命包含卵期在內大約有3至6年，是昆蟲中相對長壽的動物。

031

解說

詳細解說生物的生態和死亡方式。透過認識生物的生命歷程，可以更深刻的感受到該生物的獨特性。

生物的一生

藉此大致瞭解生物從誕生到死亡的過程，但這是一般的成長過程，描述了該生物若能順利壽終的生命史。

生物會亡呢?

在我們的日常生活中，其實很少見到生物的「死亡」。生物是如何面臨死亡的呢？這就要先從生物的壽命、死亡原因和生態系等機制學習起。

INTRODUCTION

為什麼

死

大多數生物是因為被捕食而死亡

生物是怎麼死亡的呢？仔細想想，我們似乎很少見到野生動物的死亡。說來遺憾，絕大多數的生物還沒好好過完牠們的一生，就被捕食或是面臨餓死的命運。不過，這就是大自然，被吃掉的生物會轉換成捕食者的能量，讓生命得以延續，因此地球上的生物才能持續的繁衍興盛。

生物的死亡原因林林總總，最致命的是自然環境的變化。氣溫或天候的變化會對動植物造成很大的影響，可能會導致棲息地消失、難以覓食，讓生存變成一件

生物的主要死因

被捕食
特別是小型的動物，幾乎都是遭受天敵的襲擊而被吃掉。

環境變化
因為氣溫的變化或是自然災害使得生態系崩裂，導致生物死亡。

餓死
各種環境變化使食物供應枯竭，生物無法攝取足夠食物而死亡。

意外
因為爭鬥導致死傷，或是因為生病而死亡。

極其困難的事。最後，因為無法繁殖而致使個體數減少，甚至有時會瞬間滅絕。其他的死亡原因還包括和人類一樣可能會因為受傷或生病，最後離世。

容易被捕食的動物通常會產下很多後代，這樣才有機會生存下來

不意外地，小型動物常常會被捕食，為了確保即使被吃掉，子孫也能繁榮，因此會擁有一次能產下許多後代的特徵。例如，家鼷鼠出生之後2個月就能達到性成熟，懷孕期20天後就能生下約5隻仔鼠。依照這個速度繁衍，家鼷鼠就不會滅絕，一直生存下去。

生物的壽命有多長？

生物還有一種死亡方式就是壽終。所謂的壽終，是指從出生到自然死亡的這段時間，也就是生物的「壽命」，依據物種和個體差異，每種生物的壽命都不相同。

一般來說，動物的壽命長短大約和體型大小成正比，體型大的動物壽命比較長，體型小的壽命就比較短。這和動物用於活動的能量（代謝）有關，代謝率對壽命有很大的影響。

像爬蟲類和兩生類這樣的外溫動物，代謝率低，所以容易活得長久；而像哺乳類和鳥類這樣

壽命長短的差別

體型大小

老鼠（10cm以下） 1年

大象（7.5m） 70年

外溫動物和內溫動物

鴿子（內溫動物） 10年

蟾蜍（外溫動物） 35年

雄性的壽命比雌性還短？角色不同，壽命也有所不同

生物壽命的長短，會依據其在生態系中扮演的角色或是環境而有所不同。例如，負責產卵或直接生下幼仔的雌性，通常有比雄性長壽的傾向。比起肉食動物，草食動物的壽命也會比較長。草食動物和肉食動物不一樣的地方在於，草食動物是以植物為主食，不需要去捕食獵物，是長壽的原因之一。

的內溫動物，代謝率高，相較之下壽命就比較短。尤其是小型內溫動物的壽命特別短，因為體積小，體溫容易下降，得不停的攝食以補充能量。所以比起壽命可以長達70年的大象，小老鼠的壽命就只有1年而已。

生物在不斷演化的過程中誕生和死亡

生物的死亡乍看之下很悲傷，但從生物學的角度來說，死亡可以視為是演化的一環。

例如，因為有父母的存在，才有今日的自己；而父母也是因為有祖父母的存在才得以誕生……如此一直追溯下去，我們之所以能活在

世上，是累積了無數前人的死亡而來的。生物也是，因為有無數的生命誕生與死亡，最後適應環境的物種才留了下來。

在這當中，生物持續的演化，能在環境變化中生存的物種或個體得以存活，而無法適應的則會

人類的演化

一般認為，人類的祖先大約是600萬年前出現的動物，和黑猩猩之類的猿類有共同祖先。據推測，人類是在平原裡逐漸演化成用兩足直立行走的動物。

「滅絕」並非是壞事，而是和演化有緊密關係

「滅絕」聽起來像是壞事，但事實上並非如此。雖然對環境適應良好的生物得以繁盛，一旦環境又發生劇烈變化，也有可能輕易就滅絕了。例如我們人類，多虧6600萬年前當道的恐龍滅絕，人類才得以誕生。正是因為滅絕，才有新的物種出現與演化。

滅亡。存活下來的生物，其遺傳訊息也會發生變化，死亡帶走舊生物，同時新生命誕生，如此循環的結果，造就現生的生物。

考量演化的機制，我們得以理解，正因為有死亡做為演化的一環，才有今日我們的出現。

生物死後會變成什麼？

生物死亡之後，遺體會如何消失呢？一般野生動物的遺體，會被細菌等微生物分解，然後回歸土壤。像這樣的分解者，對大自然而言非常重要，使得所有的物質進入循環，地球上不會堆滿生物的屍體。

生物的遺體看似就像沒有價值的「垃圾」，但是對微生物而言卻是營養豐富的食物。動物的屍體先是被微生物分解、腐敗，然後再被蛆吃掉。因為有微生物的參與，這個分解活動能讓屍體所含有的養分回歸土壤，變成植物

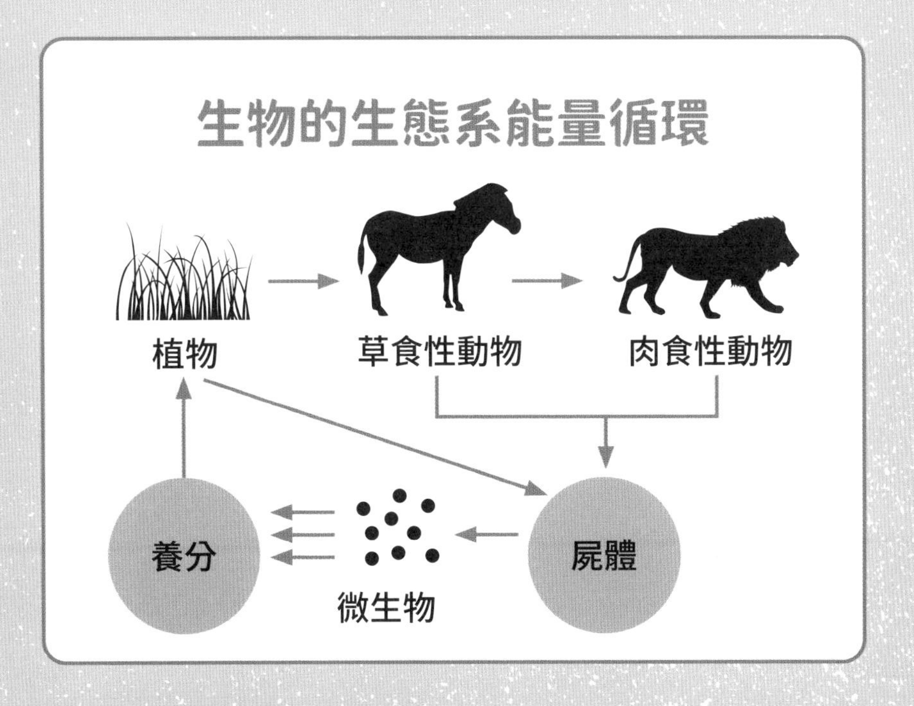

專吃屍體的禿鷹對生態系很重要

以動物屍體為食而容易令人毛骨悚然的禿鷹，因為可以快速的吃掉、清除對人類而言，帶有有害細菌或微生物的動物屍體，所以被稱為「自然界的清除者」。

能吸收使用的營養，最後動物再吃掉植物，形成循環。

如此一來，地球上所有的生物就能相互保持平衡，透過養分的循環彼此連繫，因此對生物世界而言，分解者的存在至關重要。

動物也會和人一樣對「死亡」感到悲傷嗎？

我們人類對死亡常會懷著悲傷的情感，那麼動物對於同伴的死亡同樣也會感到悲傷嗎？遺憾的是，這個問題在科學上很難辨明，多年來一直存在著爭議。

也就是說，各式各樣的動物面對死亡的反應都不太一樣。其中，特別引人注目的是大象，大象會去靠近並碰觸同伴的遺體以表關心，感覺就像在表達哀悼之意。

黑猩猩也有類似的行為出現，有人觀察到黑猩猩會特別去觀察同伴的遺體，甚至抱在身上移動

動物對「死亡」的反應

大象

不僅連續幾天會去碰觸同伴的遺體，甚至還會將部分遺體搬運到很遠的地方去，也有人見過大象會用植物將遺體覆蓋住。

烏鴉

會集合在死去同伴的遺體旁並發出叫聲。據說是在試圖喚醒死掉的同伴，以及確認周圍有沒有威脅。

海豚、虎鯨

會將死去的孩子背在身上，或是不讓其他東西靠近遺體等守護行為。

長達數個月的時間。

但是這樣的行為，是否就像人類的悲傷情感呢？要對這些行為進行科學研究十分不容易，至今仍在進行研究中。

會埋葬死亡同伴的動物

有些動物會埋葬死亡的同伴。例如，大象會用草或是葉子掩蓋住屍體。其他還有像喜鵲這種鳥類也有類似的行為，牠們會由4隻鳥圍繞在1隻死去的同伴身旁，並且用嘴碰觸遺體，還會將嘴裡叼著的草放到死去同伴的身上。

生物的一生壯烈且無常！

如同前述所說的，多數的生物不是被吃，就是因為飢餓而終結此生。這對生物來說這是再理所當然不過的事，和人類不同，生物並不會對死亡懷有恐懼。

因此我們能感受到生物為了生存，是多麼竭盡全力在度過有限的生命時光。例如：蟬和蜉蝣等生物，成蟲之後就迅速死亡；鮭魚逆游登上危險的河川，就在產卵後死去；哈氏蠼螋媽媽等卵孵化，隨即用自己的身體餵食孩子而死。生物為何會有這樣的死亡方式？都是為了讓下一代能延續

生命。為了物種的延續，各種生物直到死亡為止那種用盡全力生存的姿態，告訴我們人類活在當下是多麼重要。正因為人類和其他動物的生存世界截然不同，才如此令人深感興趣，讓我們對於「生命是什麼？」有新的體悟。

人類是擁有「預測」能力的特殊生物

人類在演化的過程中發展了預測能力，因此比起其他動物追求「只要自己的種族活下去就好」的能力，人類更具備了考慮他人和協調的能力。正因為如此，人類與其他動物不同，人類會害怕「死亡」。

瞬即逝，

世界上存在著一些極其短命的生物。這些生物各式各樣，有些成體之後不到幾小時就死掉了，有些甚至是為了被吃而死亡，無法走完壽命原本賦予的時間。讓我們來看看這些生物轉瞬無常卻又美麗的生命歷程。

Chapter 1

生命轉就死

成蟲壽命只有1個月，

名稱	日本油蟬
學名	*Graptopsaltria nigrofuscata*
分類	昆蟲類半翅目蟬科
大小	約 5 cm
壽命	6 年
分布	日本、朝鮮半島、中國

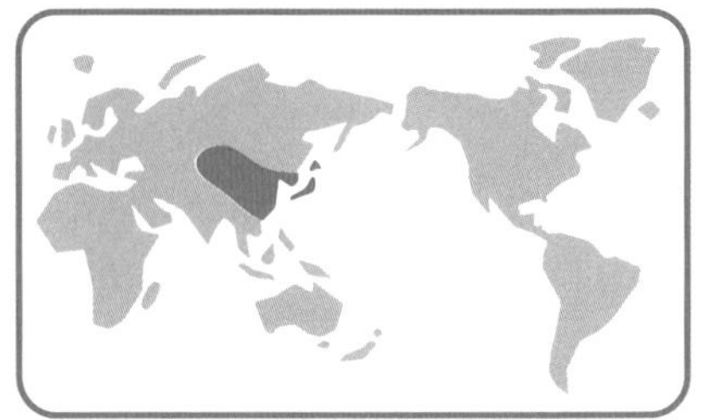

就仰天死去的蟬

大多數的日本油蟬會在夏天的時候將卵產在樹幹上，等到次年的梅雨季孵化後，幼蟲就向下潛進土壤裡，靠著吸取從樹根而來的養分成長。

日本油蟬幼蟲會在土壤中度過約2至5年的時光，長大後從地下鑽出，開始羽化。羽化時由於沒有任何防備，很容易成為烏鴉等天敵的目標，因此日本油蟬會在夜晚悄然蛻殼、成為成蟲，這段時間是蟬一生中最危險的時刻。

成為成蟲後，日本油蟬就為了誕生下一代而忙於繁殖活動。在短短1個月內進行交配和產卵後，就剩下死亡了。也就是說，日本油蟬的壽命包含卵期在內大約有3至6年，是昆蟲中相對長壽的動物。

日本油蟬的一生

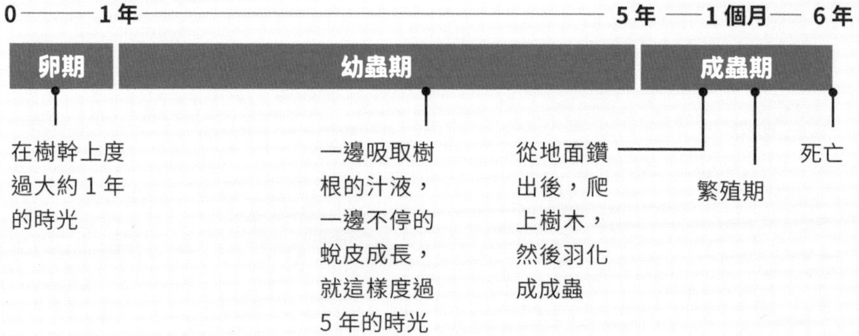

0 —— 1年 —— 5年 —— 1個月 —— 6年

卵期	幼蟲期	成蟲期
在樹幹上度過大約1年的時光	一邊吸取樹根的汁液，一邊不停的蛻皮成長，就這樣度過5年的時光	從地面鑽出後，爬上樹木，然後羽化成成蟲／繁殖期／死亡

心痛度 ●●●○○

好可怕，但是
為了我的孩子，
不得不冒險前去吸血……

做好殉職的心理準備，前往吸血的母蚊

名稱	日本淡色家蚊
學名	*Culex pipiens pallens*
分類	昆蟲類雙翅目蚊科
大小	約 0.5 cm
壽命	約 30 ～ 50 天
分布	日本及其他東北亞地區

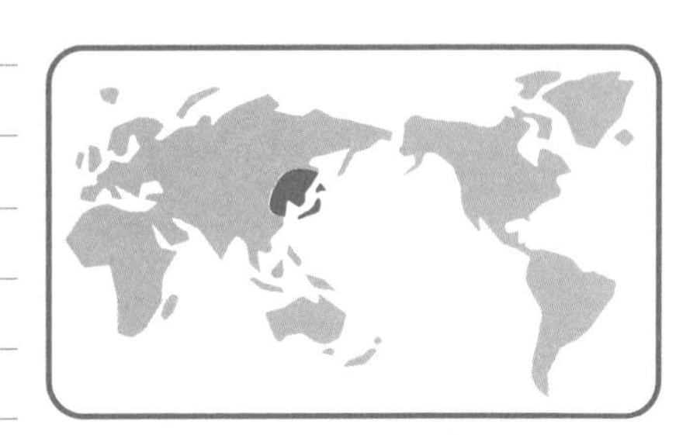

夏天來了，嗡嗡嗡的聲音自角落響起，這是會吸血的蚊子。實際上，並非所有蚊子都會吸血，無論雄雌，蚊子平常都是靠吸取花蜜或植物的汁液為生，只有在產卵前的雌蚊，才會吸人類或是其他動物的血液。因為雌蚊的卵所需的營養成分，只有人類或其他動物的血液才有，所以不得不攝取。

雄蚊會聚在一起飛行並召喚雌蚊前來交配。交配後，雌蚊就會以身犯險的靠近人類或動物，就是為了吸取血液。

當然，接近人類或動物吸血是有風險的，可是為了下一代，不得不冒險犯難。雌性成蟲的壽命約有20～40天，一旦產下卵就會死亡。蚊子就是這樣重複著短暫的生命週期※。

雌蚊的一生

0 ─ 0～2天	0～2天 ─ 10～13天	10～13天 ─ 13～15天	13～15天 ─ 50天
卵期	幼蟲期	蛹期	成蟲期

- 將卵產在水窪等地方
- 約2天後孵化
- 幼蟲（孑孓）會在水中生活約7天
- 化蛹之後，2～3天羽化成成蟲
- 和雄蚊交配後，雌蚊會吸血並產卵
- 死亡

※ 蚊子雄蟲的壽命更短，多數都一兩週內就死去。

心痛度 💧💧💧💧○

成蟲壽命第1短的蜉蝣

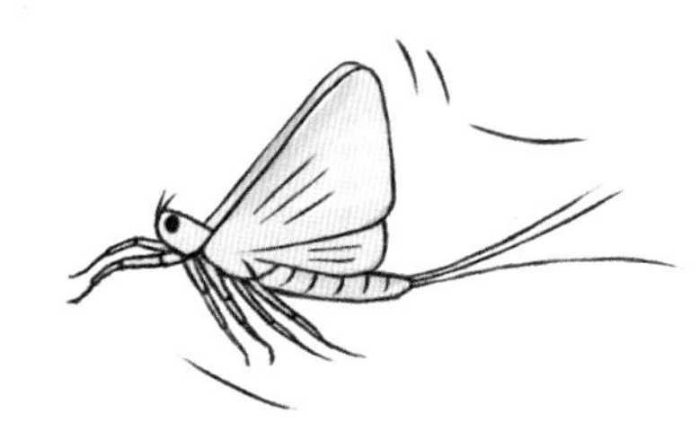

名稱	大白蜉蝣
學名	*Ephoron shigae*
分類	昆蟲類雙翅目網脈蜉蝣科
大小	約2cm
壽命	約1年(變成成蟲後約2小時)
分布	東北亞的河川

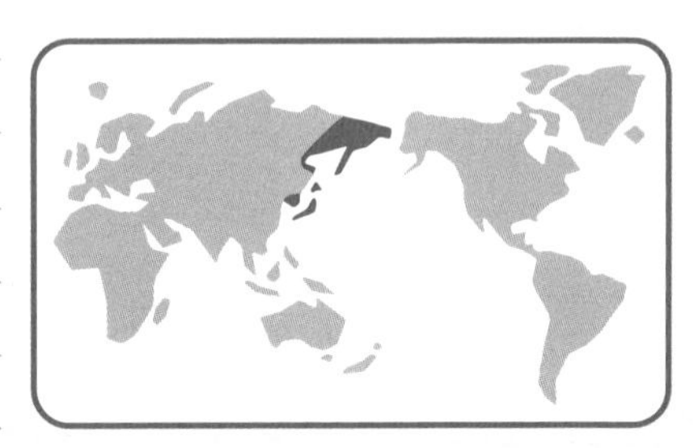

說到「轉瞬即逝的一生」之代表動物，非蜉蝣莫屬了。蜉蝣的成蟲沒有口器，無法喝水，因此壽命非常短暫，最長的也活不過數日，其中大白蜉蝣的雄蟲只能活2個小時。

大白蜉蝣在9月產下卵之後，卵會在冬季暫停發育，直到隔年3月才孵化成稚蟲。稚蟲會不斷生長，反覆蛻皮數十次後，於當年9月羽化。

大白蜉蝣成蟲壽命短暫，若來不及交配就白白浪費這一生，所以會在羽化的當晚幾個小時內進行交配。因此在發生大量繁殖時，路邊甚至可以看見蜉蝣屍體堆積如山的樣子。

交配後的雄蟲就會直接死亡，雌蟲則會在水面上產下數百至數千顆卵後，迎來死期。

拚盡全身最後的力氣……！

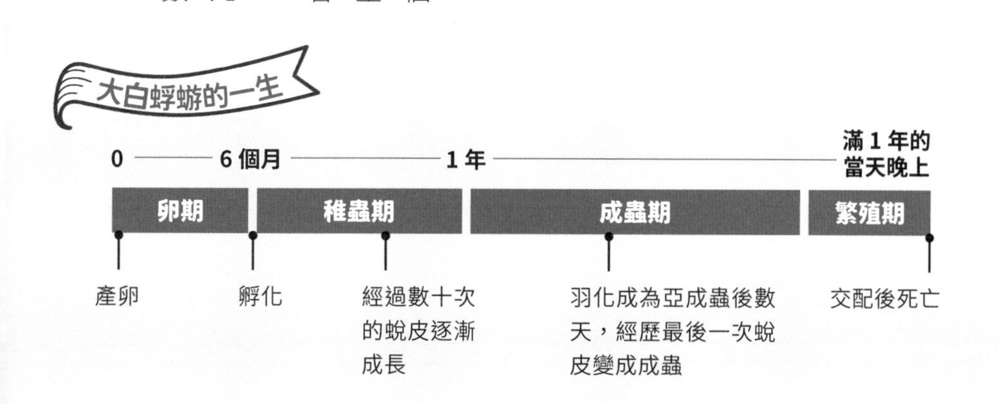

心痛度

雌蟲一輩子都無法展翅飛翔

王子到來，下死亡的蓑蛾

名稱	多變大蓑蛾
學名	*Eumeta variegata*
分類	昆蟲類鱗翅目蓑蛾科
大小	約 3 cm
壽命	約 1 年
分布	日本（主要是四國、九州）

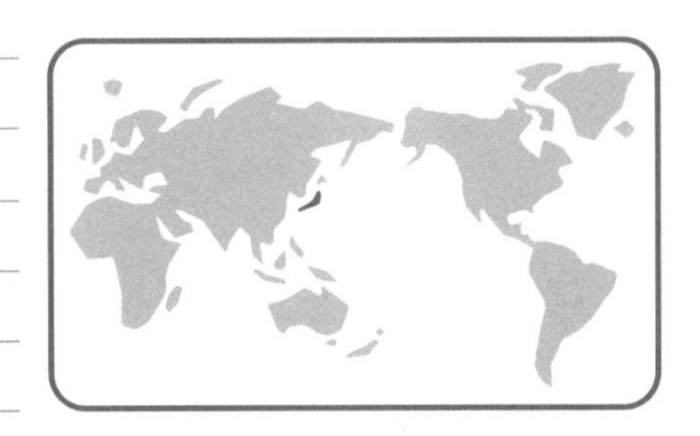

一直等待最後落

掛在樹枝下搖來搖去生活的蟲，是名為多變大蓑蛾之類的蓑蛾幼蟲，利用枯枝、枯葉做成巢穴，模樣就像是穿著蓑衣（古人用植物纖維編織而成的雨衣或是防寒道具），所以稱為蓑蛾。

在日本境內的夏季時節，多變大蓑蛾的雄蛾會在蓑巢中化蛹、羽化成成蟲，然後從蓑巢出來，為了追求雌蛾而展翅飛翔。

另一方面，蓑蛾的雌蛾破蛹而出、變成成蟲後，因為沒有翅膀，所以一直在蓑巢中等待雄蛾飛來，一生都不會離開。

等到雄、雌蛾交配後，雌蛾會在蓑巢中產卵，接著便死去而掉落。雌蛾不曾見過外面的世界，就這樣結束了一生。

0 —— 20天 —— 10個月 —— 1年

卵期	幼蟲期		成蟲期	
孵化時間約20天左右，幼蟲會從蓑巢下方的洞落下	孵化落至地面後，會很快築起蓑巢。隨著時間不斷進食長大，於冬季時休眠過冬	大約在隔年5月化蛹	蛻皮後變成成蟲	雄蛾交配後隨即死亡，而雌蛾大約產下1000個卵後就會乾涸而死

生不逢時就注定永遠孤獨發光的螢火蟲

名稱	源氏螢
學名	*Nipponoluciola cruciata*
分類	昆蟲類鞘翅目螢科
大小	約 1 ～ 2 cm
壽命	約 2 年
分布	日本的本州、四國、九州

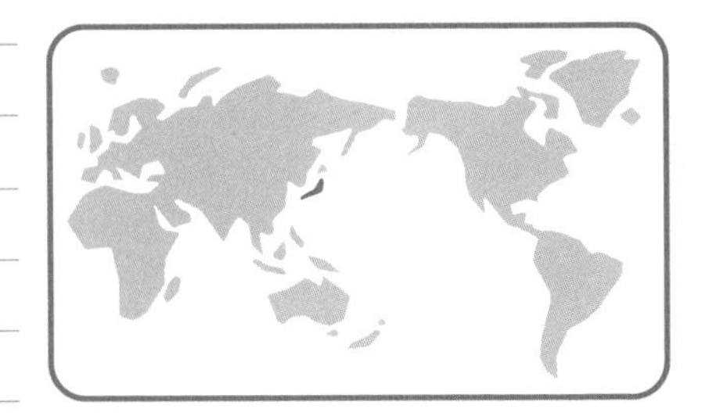

為什麼都沒有人在呢？

在夏夜的水田或小河邊，常有邊閃著光芒邊飛舞的水生螢火蟲。其實也有不會發光的螢火蟲成蟲。會發光的種類約占整個螢科的一半以上。多數種類發光的目的是作為訊號，好讓雌蟲或雄蟲找到配偶。

源氏螢會在6月上旬至中旬到接近水面的青苔或草上產卵，約1個月後孵化，幼蟲以貝類的川蜷（*Semisulcospira libertina*）為食並在水中蛻皮6次，至隔年春天登上陸地，潛進土裡化蛹。到了5月下旬至6月下旬羽化成成蟲。

但若弄錯羽化時間，在不對的季節裡發光，這樣的螢火蟲則稱為「孤螢」※。因為沒有遇見雌蟲、留下後代的機會，最終只能孤獨的死去。

0 ～ 1個月	1個月 ～ 10個月	10個月 ～ 11個月	11個月 ～ 2年
卵期	幼蟲期	蛹～成蟲期	繁殖期

- 0：在靠近水面的青苔或草上產卵
- 1個月：孵化
- 幼蟲期：以水中的川蜷為食、成長
- 蛹～成蟲期：登上陸地，從蛹中羽化為成蟲，然後交配
- 2年：死亡

※ 出自日本大河劇的《毛利元就》。

心痛度 ●●●●○

最終只能成為肉瘤的疏刺角鮟鱇雄魚

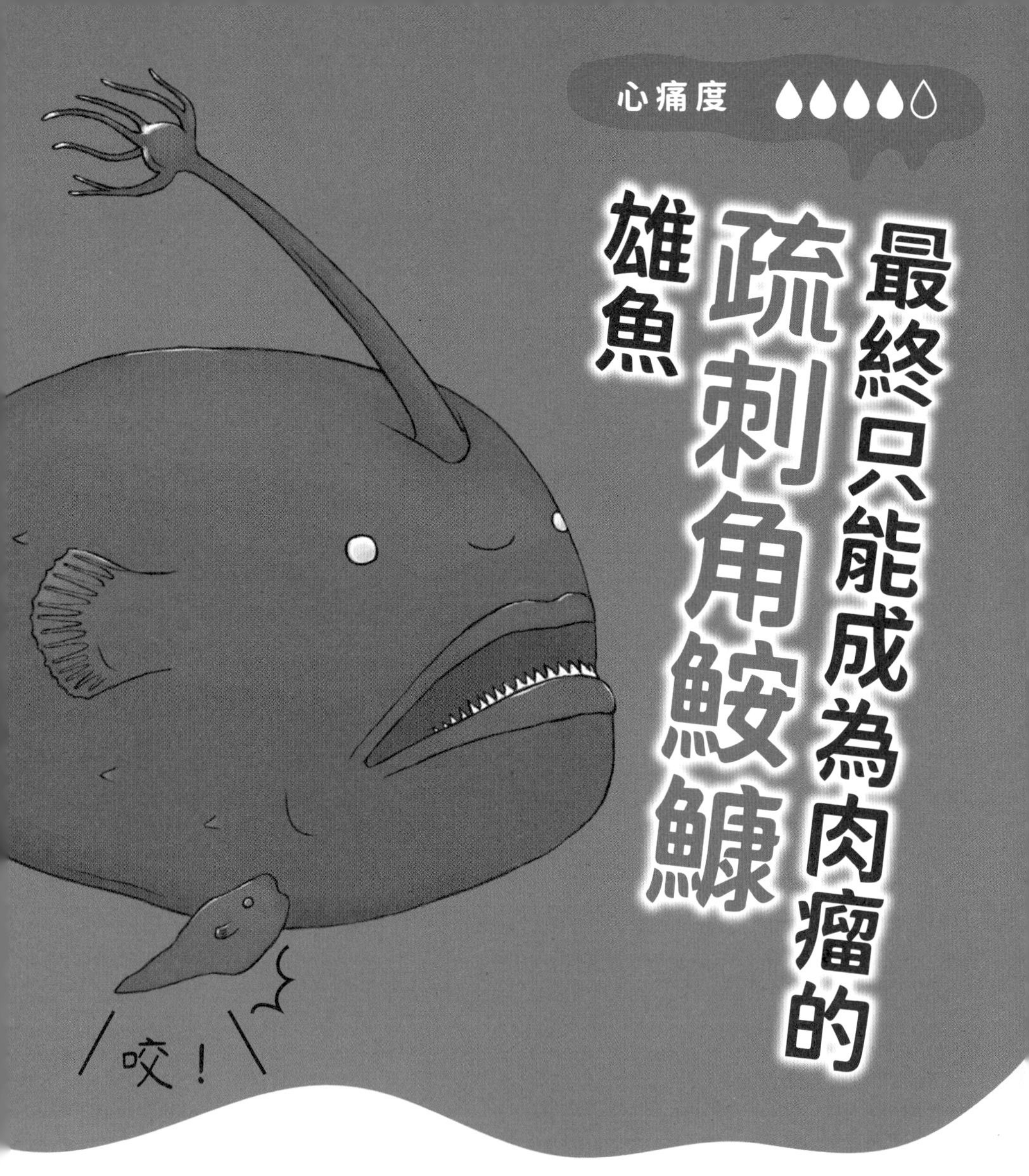

名稱	疏刺角鮟鱇
學名	*Himantolophus groenlandicus*
分類	魚類鮟鱇目疏刺角鮟鱇科
大小	雄魚約 5 cm／雌魚約 40 ～ 50 cm
壽命	約 20 年
分布	主要分布於大西洋

從頭上伸出像觸手的突起物，其前端帶有「發光器」特徵的魚是疏刺角鮟鱇。

這種魚主要棲息在大西洋的深海裡，全身覆蓋著像疣一樣的突起物，雌魚體長約40～50公分，雄魚體長卻僅有雌魚的10分之1，約5公分左右。

疏刺角鮟鱇也會為了產下後代而交配，但是方法非常獨特。疏刺角鮟鱇雄魚在發現雌魚後就咬住雌魚不放，接著雄魚的嘴和雌魚的皮膚融合、血管相連，雄魚就這樣從雌魚身上獲得養分，繼續存活下去。

最後雄魚的眼睛、魚鰭和內臟都會消失，只剩下精巢。等到精子都被釋放出去後，雄魚的任務就結束了，毫無用處的靜靜等待生命的終點到來。

※ 關於疏刺角鮟鱇的生態，至今仍有許多未明之處。

0 — 20 年

卵期	幼魚期	成魚期	
一次產下數萬至數百萬顆卵	剛孵化的幼魚以淺海的浮游生物為食，一邊成長一邊慢慢的往深海潛去	雄魚找到雌魚後隨即咬住，和雌魚化成一體，成魚的壽命大約有 20 年左右	死亡

心痛度 ●●●●○

食用雞 來不及長大就成為肉品

名稱	洛島紅雞品種
學名	*Gallus gallus domesticus*
分類	鳥類雞形目雉科
大小	約 30 ～ 50 cm
壽命	公雞約 70 天／母雞約 2 年
分布	世界各地

世界各地都有飼養雞隻，總數量多達2百億隻。

這些雞隻可以分為取蛋用的「蛋雞」、食肉用的「肉雞」。而洛島紅雞則是蛋的產量大、肉也優質的「蛋、肉兩用」的雞隻。

一般寵物雞的壽命可長達約10年，相較之下，蛋用或肉用雞隻能活命的時間還真是短。

從卵孵化後數天，母的小雞就會被當作蛋雞，送進沒有窗戶、狹窄的雞舍裡飼養；公的小雞孵化後，則是在養了40～50天後被當作肉雞出貨，牠的一生就這樣結束了。而母雞大約120天左右性成熟，之後1年半的時間一直不停的生蛋，但最後仍然會被當作肉雞結束一生。

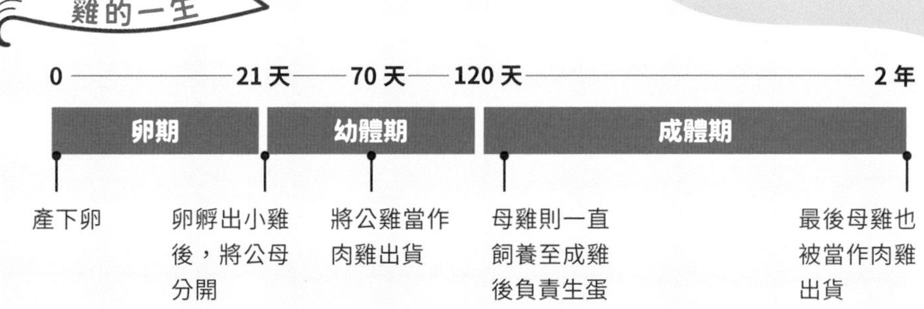

心痛度 💧💧💧○○

在實驗室中度過一生的小鼠

名稱	小鼠
學名	*Mus musculus*
分類	哺乳類囓齒目鼠科
大小	約 7 cm（體長，不含尾巴）
壽命	約 1 ～ 2 年（實驗用）
分布	歐洲、亞洲（指原生種）

小鼠的懷孕期一般約為20天左右，所以在日文裡，小鼠又暱稱為20日鼠。

實驗用的小鼠平均壽命約為1～2年，因為懷孕期很短，所以1年中可以反覆數次懷孕達5～10次。

一次懷孕可產下5～6隻仔鼠，這些仔鼠生長不到2個月就達性成熟，又可以接著懷孕。

小鼠在短時間內就可以快速成長、繁殖，也因此開始被當作實驗用的老鼠，廣泛應用在藥品或是醫療研究上。

實驗用的小鼠在實驗室出生，一生中都不曾見過太陽，最終就死在實驗室的籠子裡。雖然人類飼養的小鼠壽命會比一般野生的小鼠長，但實驗用的小鼠最終命運仍是死亡。

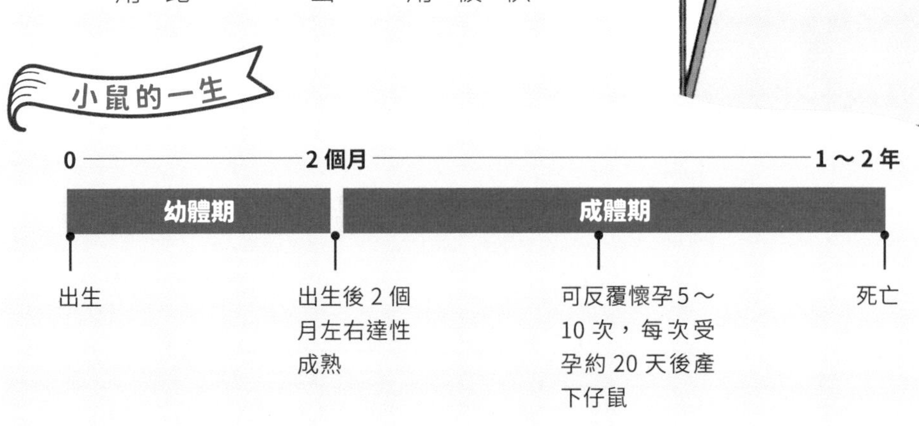

心痛度

最終結局是被吃掉的牛

名稱	牛（黑毛和牛品種）
學名	*Bos taurus*
分類	哺乳類偶蹄目牛科
大小	約 170 cm（體長）
壽命	約 20 年／肉牛為出生後 28 個月
分布	日本

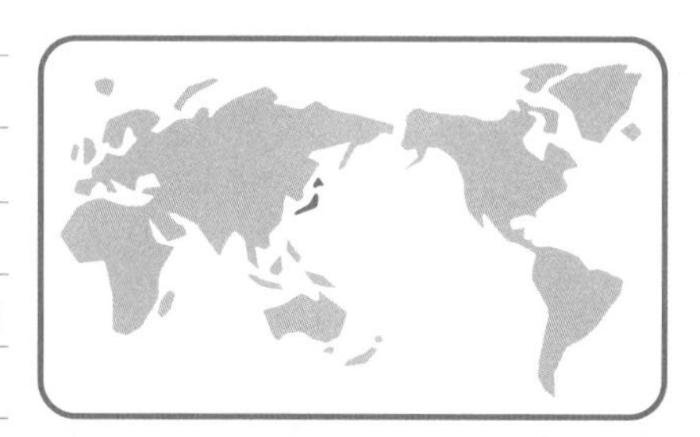

我們所吃的牛肉（黑毛和牛）中，母牛被視為是最頂級好吃的肉，相較於公牛肉，母牛肉因為脂肪多，特別柔軟。

母牛中又以沒有經歷過生產的「處女牛」為最上品。像這樣的處女和牛，大概出生之後28～30個月就會被當作肉品出售，結束一生。

而公牛隨著成長，肉質會逐漸變硬，因此出生後約半年就會結紮成為「閹牛」。閹牛養至出生後約28個月宰殺成為肉品，一生也就這樣結束。

至於用來生育仔牛用的母牛，由於出生後15個月左右就能懷孕，因此利用人工受孕誕下仔牛。就這樣經過了10年的歲月，最後一樣被宰殺，當作「老牛」肉品出售。

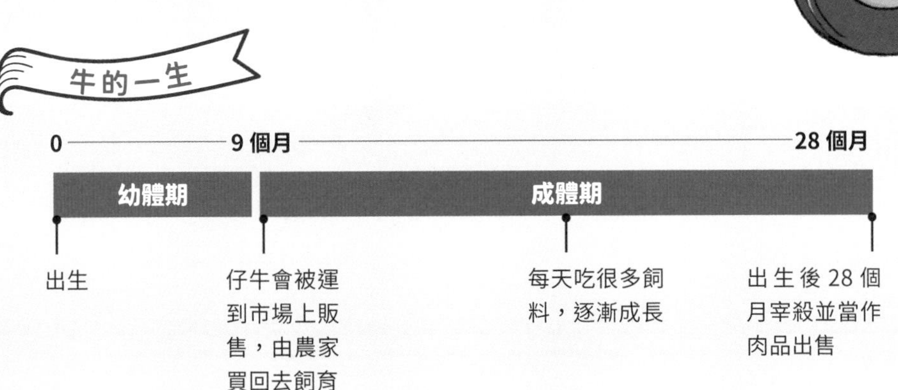

我只需要
在雨季活動

快轉一生的戰略——超短命的拉波德氏變色龍

名稱	拉波德氏變色龍
學名	*Furcifer labordi*
分類	爬蟲類有鱗目變色龍科
大小	約 15 cm
壽命	約 1 年
分布	馬達加斯加西南部

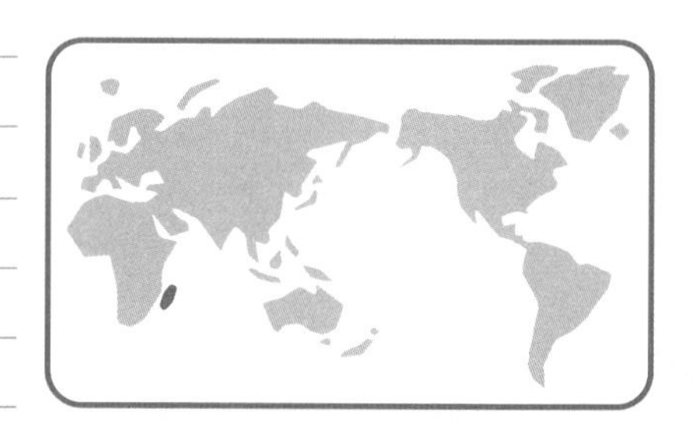

拉波德氏變色龍生活在馬達加斯加島西南部的乾燥且樹木稀疏的森林裡，特徵是壽命很短。把卵期算進來也僅有1年，如果只算從卵中孵化後到死亡的時間，其壽命只有短短5個月而已。

每年在雨季開始的11月上旬，拉波德氏變色龍從卵中孵化，每天成長數毫米，2個月後成為成體，開始進行繁殖。

在從卵孵化後的4個月，即隔年3月，變色龍進行交配並產卵，然後在4月就衰老而死。這是因為從4月起，這個地區就開始進入酷熱的乾季。

拉波德氏變色龍在雨季孵化並留下子代，讓子代以卵的形式度過乾季，是牠們能在數百萬年來持續生存的方法。

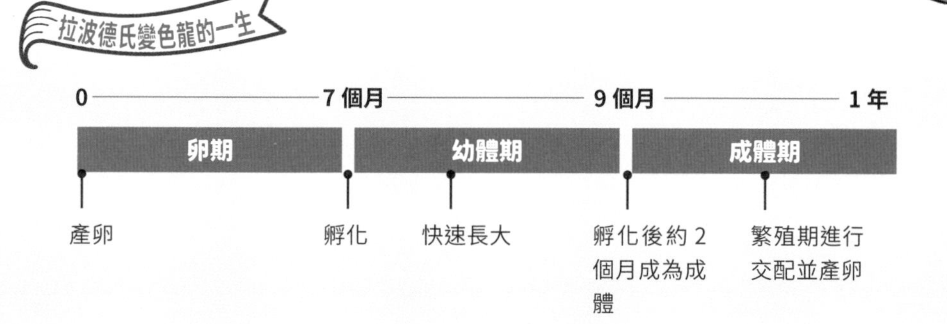

最令人安心的場所是哪兒？貓咪死前被觀察到的特別行動

「貓在臨死前會找地方躲起來。」你有聽過這個說法嗎？這個都市傳說是真的嗎？

比起現代，以前的人很少把貓養在家裡，大部分的貓咪都是能自由的進出家裡以及外頭。所以，當有天貓咪因為發生意外事故等突然不見了，最後被發現牠躲在人看不到的地方靜靜地死去。由於這緣故，才會有「貓會對自己的死亡有所意識，所以消失」的講法。

實際上，貓咪並不會因為意識到自己即將死亡而躲起來。躲起來的理由只是因為身體狀況不好，想要找個地方靜靜調養，等待身體恢復健康的特性而已。因此會躲藏在家裡的地板下等狹窄的地方，只是有時還沒等到身體恢復就這樣死掉了。

動物行為學家德斯蒙德·莫里斯（Desmond Morris，1928～）博士指出「貓咪並沒有對自身即將要死亡的概念，因此無論身體多麼不舒服都不會猜測到自己即將死亡。」貓咪最多只會覺得身體不適的感覺，就像受到敵人威脅一樣會引發危機感，為了避免被敵人襲擊，才跑去躲起來。

也就是說，貓在死亡之前，會想要找最安全、最令人安心的場所。被當作寵物從小養育的貓咪，在死之前會變得很黏主人。在主人身邊可能會突然出現迴光返照或是發出嗚叫聲……這些看似要別離的訊號讓人看了很不捨，但這些親人的動作其實都只是為了要解除身體的不舒服。為了不讓貓咪感到不安，盡可能的陪在貓咪的身邊，好讓貓咪在最後的時候能感到安心，然後迎接死亡。

忍耐，了

在世界上，有許多生物生存的環境和面臨的挑戰，是我們人類難以忍受的。這些生物在嚴酷的環境中生活，不斷的受到生存威脅直到死亡，讓我們一起來認識這些動物的一生和牠們最後的告別時刻。

Chapter 2

太過就死

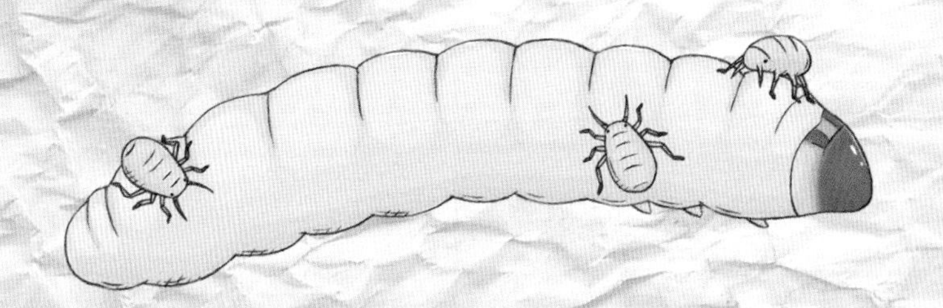

心痛度 💧💧💧○○

育兒太過辛苦導致過勞死的皇帝企鵝

名稱	皇帝企鵝
學名	*Aptenodytes forsteri*
分類	鳥類企鵝目企鵝科
大小	約 110 ～ 130 cm
壽命	約 15 ～ 20 年
分布	南極大陸

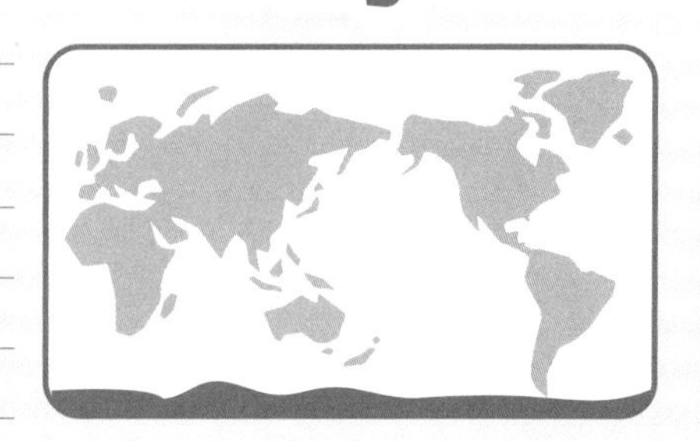

皇帝企鵝會在南極地區入冬之時，即4月，前往距離海岸1百公里遠的冰原內陸求偶、交配，於6月產卵。產卵後，雌企鵝為了捕食魚類，會走回遙遠的海域，孵蛋則是雄企鵝的工作。冬天氣溫約攝氏零下60度，雄企鵝將蛋放在腳上，並擠在一起讓蛋保持溫暖，在暴風雪中不吃不喝，直到約60天後雌企鵝飽餐一頓後回來。

如果雌企鵝還沒回來，雛鳥就孵出來，雄企鵝會從食道吐出稱為「企鵝乳」(penguin milk）的營養物餵給寶寶吃。萬一雌企鵝都沒回來，雄企鵝可能會和蛋或寶寶一起倒下，但大多數會放棄育兒去覓食。基本上雄企鵝不太可能餓死，因為明年還會有繁殖的機會。

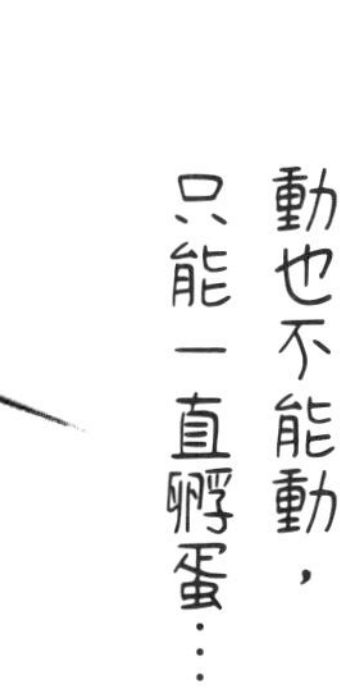

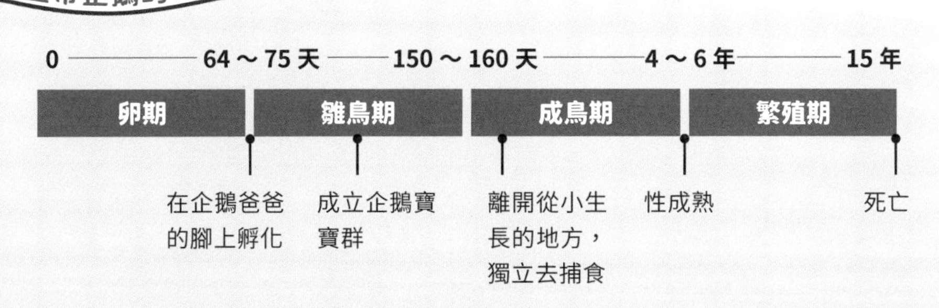

心痛度 💧💧💧○○

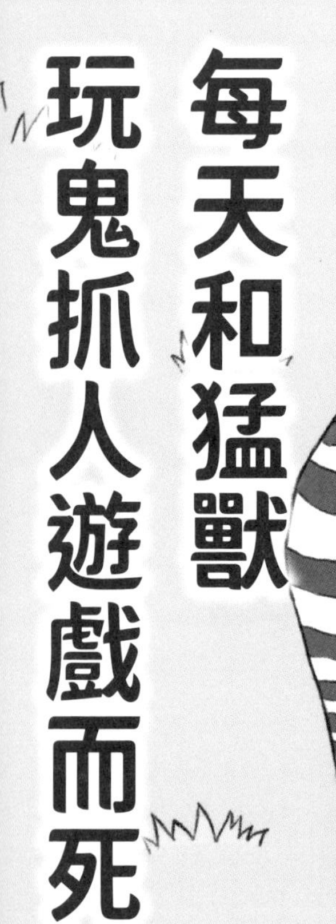

每天和猛獸玩鬼抓人遊戲而死的

名稱	平原斑馬
學名	*Equus quagga*
分類	哺乳類奇蹄目馬科
大小	約 2 m
壽命	約 15 ～ 20 年
分布	非洲東部～南部

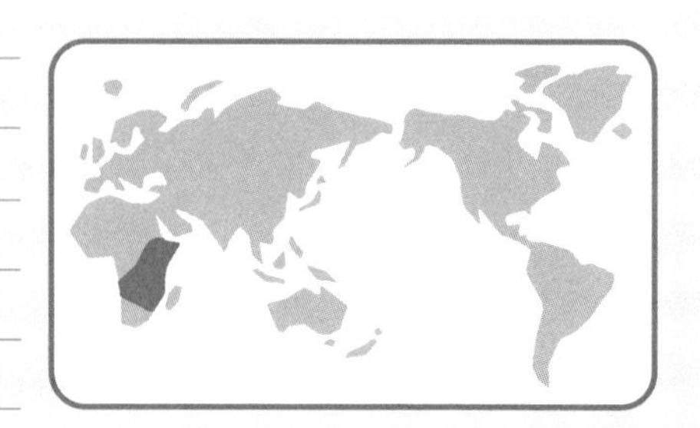

斑馬

生活在非洲草原上的斑馬，一直是獅子之類肉食動物的獵殺對象。

斑馬的寶寶在一出生數小時內就得站立，不然可能就會被肉食動物吃掉。在剛出生的小斑馬中，只有極少數能順利長大。

但即使已經長大，仍然不能大意，稍微跑得慢一點，很有可能就成為肉食動物的嘴邊肉。萬一被獅子抓住，壽命會瞬間走到盡頭，直接成為獅群的美味佳餚，結束一生。

就算沒有被獅子吃掉，如果因為受傷或生病而動不了，又或者年紀大了，就可能成為兀鷲覬覦的目標，最終還是會被吃掉，因此斑馬能活到壽終正寢的機會非常微小。

斑馬的一生

0		3～5年	5年	20年
幼體期		成體期	繁殖期	
出生	生下後數小時就能站立，小斑馬是咖啡色和白色相間的條紋	性成熟後成為成年斑馬	公斑馬離群獨立，留下數匹母斑馬和小斑馬組成的團體	死亡（能順利安享 20 歲天年的個體少之又少）

心痛度 💧💧💧💧○

最後的輝煌時刻！繁殖故鄉死亡的鮭魚

名稱	狗鮭
學名	*Oncorhynchus keta*
分類	魚類鮭形目鮭科
大小	約 50 ～ 70 cm
壽命	約 3 ～ 5 年
分布	日本海、鄂霍次克海、白令海

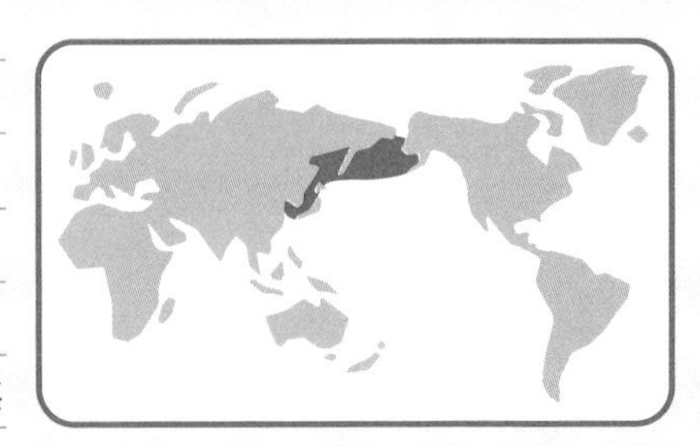

一生為了而回

回到記憶中的故鄉吧！

從夏到秋或從秋到冬[※1]，被產在河床裡的狗鮭魚卵約55至110天後孵化[※2]，再經過約50天，這些稚魚會集合成群，一起順流而下到河口生活數月，再進到大海裡。等到3～5年後長大成熟，體長達50～70公分左右，就會為了產卵逆流而上，踏上回鄉之路。只因在河川上游會吃鮭魚卵的掠食者比較少，為了保護卵，鮭魚克服重重障礙、逆流而上。雌魚找到適合產卵的位置後，用尾鰭在河底挖洞，將卵產在裡面。當雄魚釋放精子後，雌魚再用河底的砂將卵覆蓋。

產卵後的鮭魚不再進食，數日後便死亡[※3]。鮭魚在一生最後用盡力量逆流而上的姿態，讓人不禁讚嘆生命之美。

狗鮭的一生

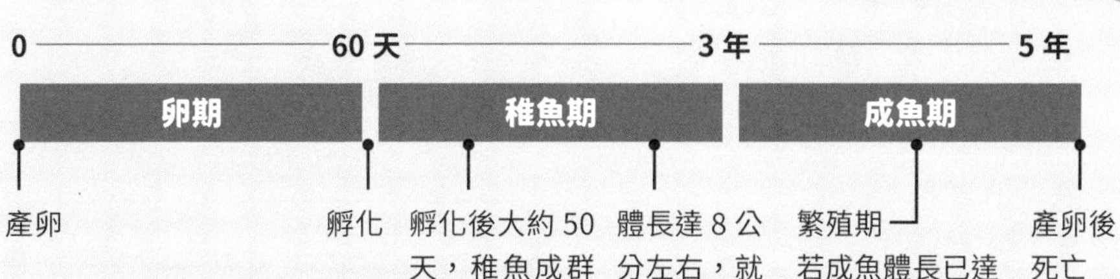

※1：視不同地區，狗鮭的產卵季節不同。
※2：視水溫的不同，狗鮭魚卵的孵化速度有所不同。
※3：僅限分布於太平洋的鮭魚種類會在產卵後不進食，於數日後死亡。

為了孩子
把命都交出去的
哈氏蠼螋媽媽

名稱	哈氏蠼螋
學名	*Anechura harmandi*
分類	昆蟲類革翅目蠼螋科
大小	約 1.5cm
壽命	約 1 年
分布	日本、韓國

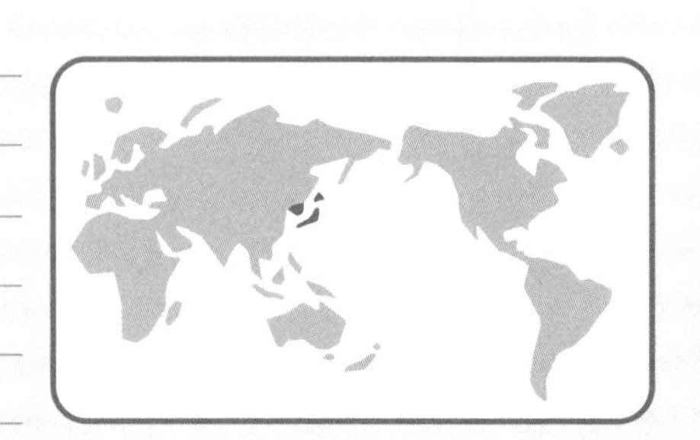

蠼螋生活在石頭或落葉底下等陽光照射不到的潮溼場所。和一般產完卵就離去的昆蟲不同，蠼螋是一類會照顧若蟲直到能獨立為止的昆蟲。

哈氏蠼螋以成蟲形態度冬，在冬末春初的這段時間裡，會在石頭底下等地方產卵，直到卵孵化前，蠼螋會一直待在巢中照顧卵。

蠼螋是肉食動物，以捕食其他昆蟲為生。因此特別的是，哈氏蠼螋剛孵化的若蟲，竟然會聚集在媽媽身邊，以媽媽的身體為食。蠼螋媽媽對於孩子將自己吃掉的這件事並不抵抗，因為若不把媽媽吃掉，這些幼蟲就會面臨餓死的命運。等到幼蟲把媽媽吃完，就會各自離巢散去。

哈氏蠼螋的一生

0	75天	6個月	1年
卵期	若蟲期	成蟲期	
產卵	孵化	若蟲在吃光媽媽後，以一齡若蟲離巢，自行生活。蛻皮數次後，成為成蟲	最終，雌蟲媽媽被幼蟲吃光

敵人戰鬥的兵蚜

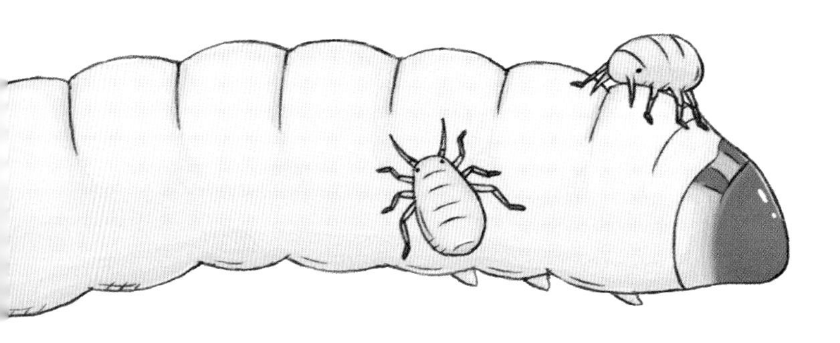

為了打倒敵人，
獻上我們的生命吧！

名稱	安息香管扁蚜
學名	*Tuberaphis styraci*
分類	昆蟲類半翅目蚜科
大小	約 2 ～ 3 mm
壽命	兵蚜幼蟲約 1 個月（含卵期約 9 個月）
分布	主要在東亞和東南亞

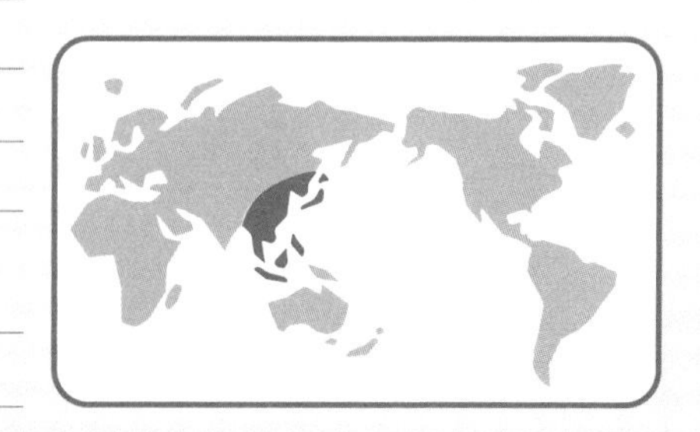

為了和
而誕生

以植物害蟲聞名的蚜蟲，其中約有2個亞科的種類存在著2種階級：一種是能生育下一代的蚜蟲，另一種是沒有生育能力、對外抗戰的兵蚜。雌蚜蟲能在沒有交配的情況下產下雌性的若蟲，因此蚜蟲群通常都擁有同樣的遺傳基因。

若蟲分為能長成成蟲的蚜蟲和成為士兵的兵蚜。兵蚜會以二齡幼蟲形態戰鬥，用帶毒（蛋白酶）的尖銳刺吸式口器當作武器攻擊敵人。雖然這種毒針的威力就連人類這種體型的動物被螫到也會感到癢，然而大多數的兵蚜也會因此在戰鬥中掉落或死去。也就是說，兵蚜是為了戰鬥而生，自蛻皮後壽命約僅有1個月。牠們的一生慷慨壯烈，令人不捨。

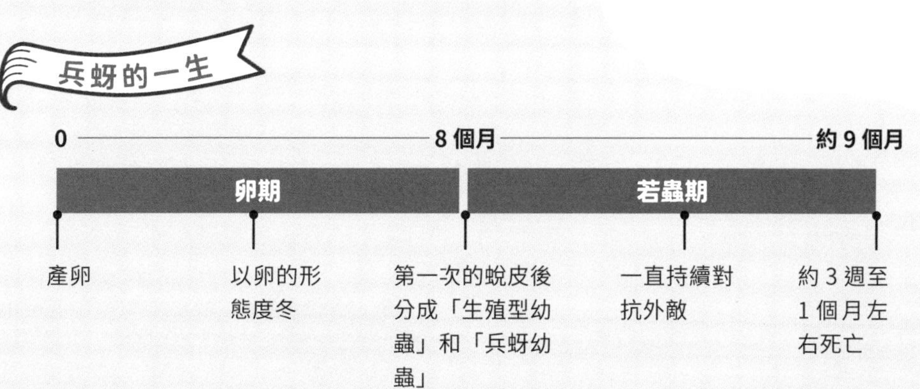

心痛度 💧💧💧💧💧

不知不覺間被繭蜂利用而死的紋白蝶毛蟲

名稱	紋白蝶的幼蟲
學名	*Pieris rapae*
分類	昆蟲類鱗翅目粉蝶科
大小	終齡幼蟲約 3 ～ 4 cm
壽命	2 ～ 3 週
分布	歐亞大陸大多數地區

這種綠色毛蟲是紋白蝶的幼蟲，喜歡吃高麗菜，但高麗菜一被吃，就會釋放一大類被統稱為「開洛蒙」的化學物質。這種物質會召喚菜蝶絨繭蜂（*Cotesia glomerata*）的雌蜂前來，在紋白蝶的一齡或二齡幼蟲身上產下16～52顆蜂卵。

蜂卵只要3天就能在毛蟲體內孵化，幼蟲以吸食毛蟲體液維生。2週後，數十隻繭蜂幼蟲從紋白蝶幼蟲體內鑽出，並在其體表結成一顆顆鮮黃色的繭。此時毛蟲不僅仍活著，還會被繭蜂操控，在繭邊用絲織出一片保護墊，被徹底利用後才死去。約7至10天後，繭蜂成蟲羽化飛出，交配後繼續尋找下一隻毛蟲。到死前都被利用，毛蟲的一生令人難過。

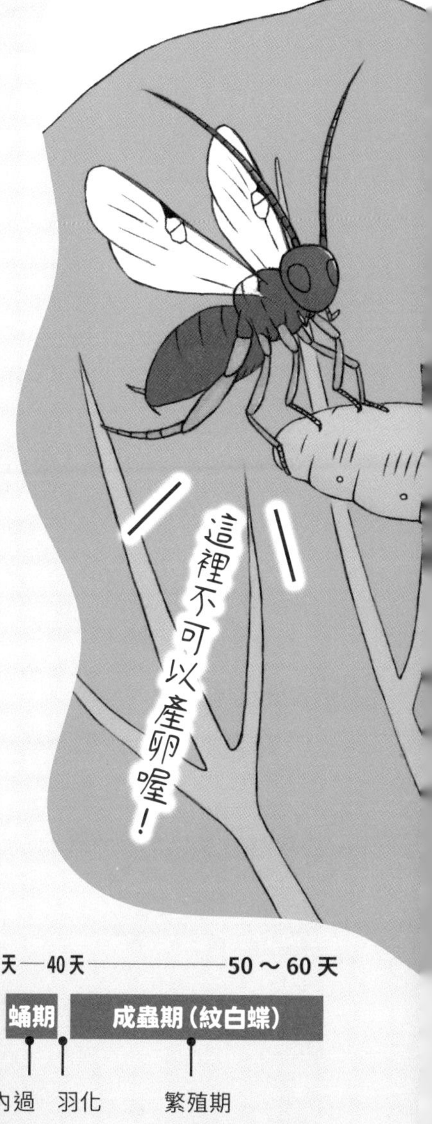

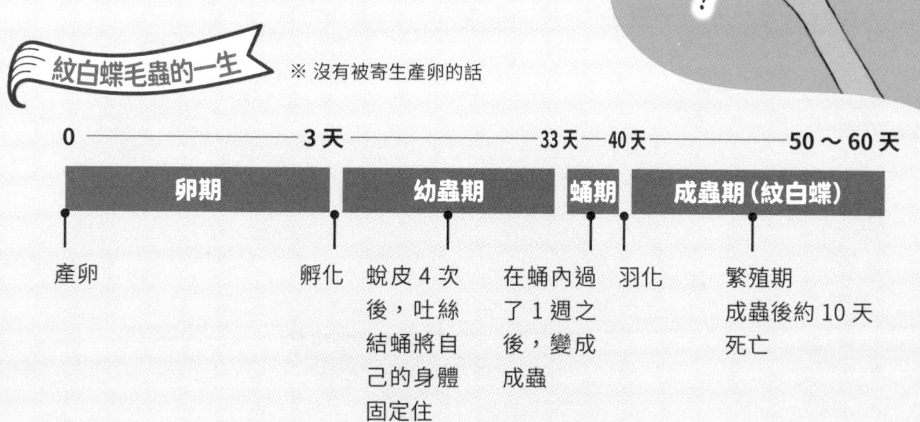

心痛度 ●●●●○

工作太多，最終為國捐軀的蜜蜂

名稱	蜜蜂
學名	*Apis* spp.
分類	昆蟲類膜翅目蜜蜂科
大小	約 1.5 cm
壽命	約 60 天
分布	亞洲、歐洲、非洲（指原生地）

蜜蜂是種具高度社會性的昆蟲，通常會由數萬隻蜜蜂組成1個集團（蜂群）。

這個集團由一隻產卵的女王蜂、數百隻的雄蜂，以及數萬隻工蜂組成，而工蜂全部都是雌性。工蜂在成蟲期的1個多月壽命裡，幾乎一直在工作，直到生命結束。

工蜂一開始是負責打掃蜂窩和照顧幼蟲等工作，不久後改成照顧女王蜂、蓋蜂窩、管理其他蜜蜂蒐集而來的蜜，以及擔任守衛之類的工作。

然後在壽命僅剩2週時，會被派去蒐集花蜜。很多蜜蜂會在這期間死亡，飛離蜂窩意味著被判了死刑。採蜜是給予老邁、對蜂窩瞭若指掌的工蜂，高風險的最後重要任務。

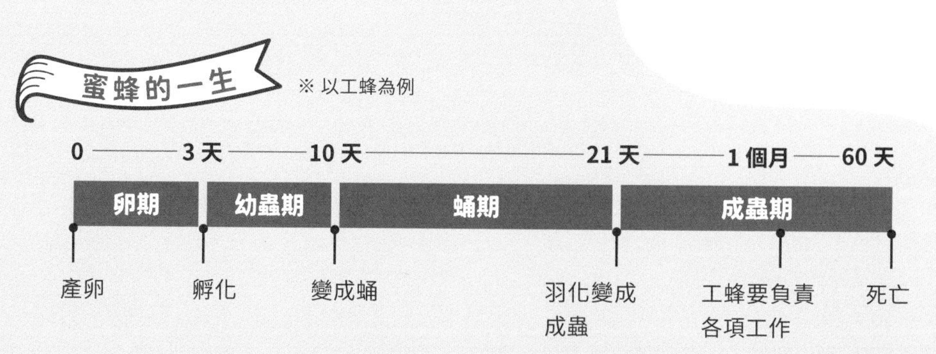

在草地上靜待死亡的

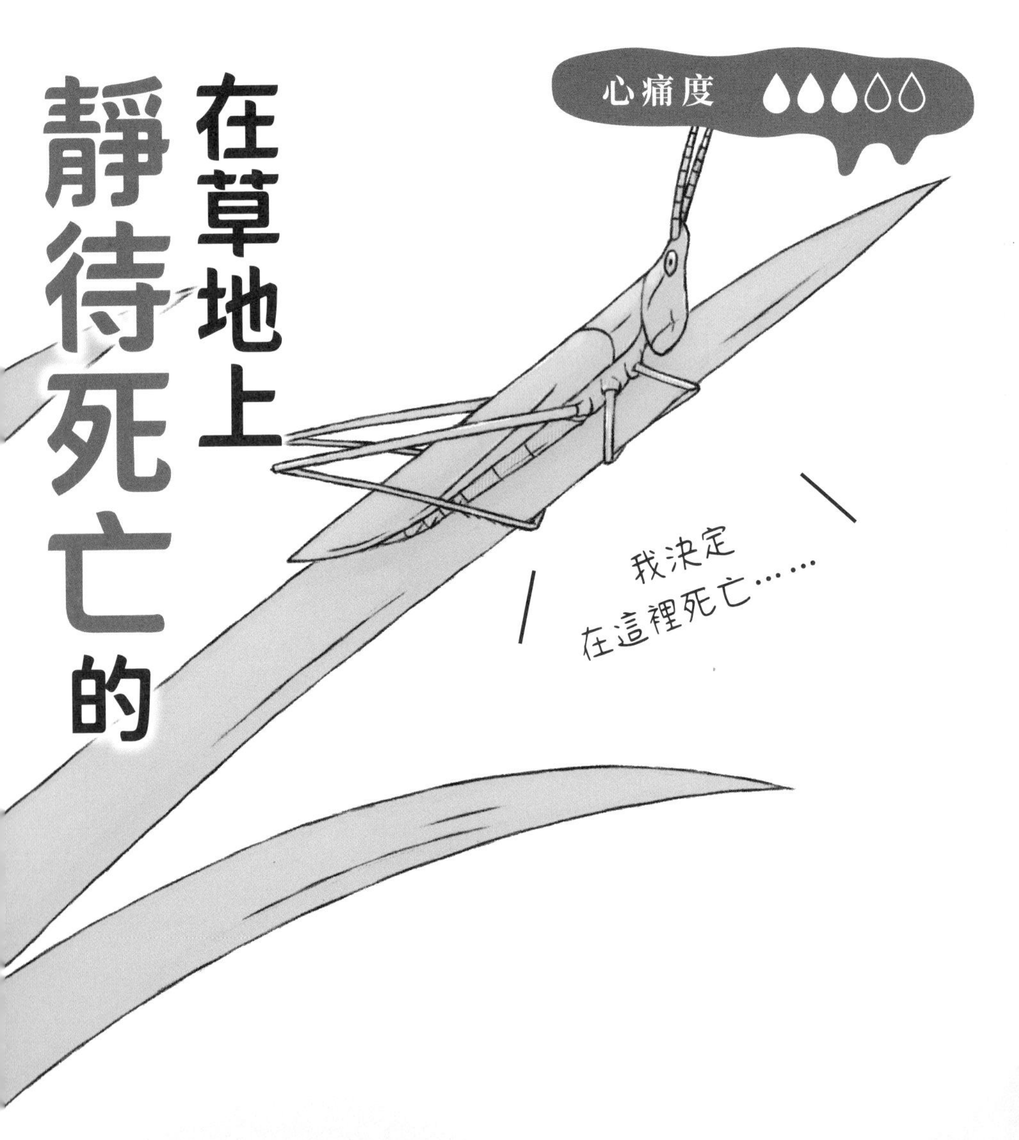

名稱	中華劍角蝗
學名	*Acrida cinerea*
分類	昆蟲類直翅目蝗科
大小	約 5～8 cm
壽命	約 14 個月
分布	日本、中國、東南亞

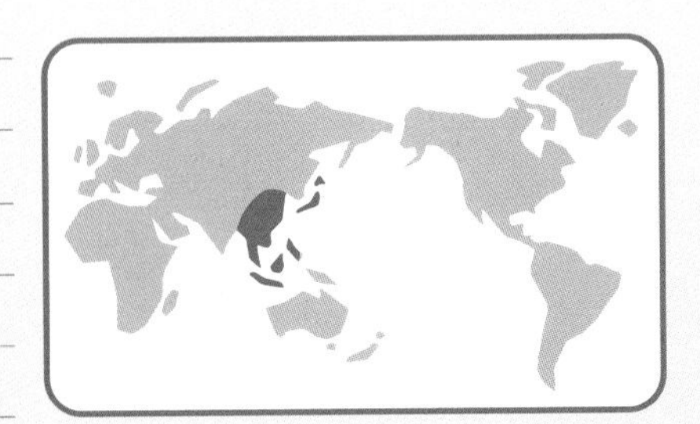

中華劍角蝗

中華劍角蝗的雌蟲全長約8公分，是日本最大的蝗蟲，又稱「精靈蝗蟲」※。這種蝗蟲會在日本當地7～8月的雨季結束時變成成蟲，因此在8月舊盂蘭盆節時常可看到。

中華劍蝗蟲有個特殊的死法，是在植物葉子上變成白色乾枯的木乃伊般死去。這是因為蝗蟲被稱為「蝗單枝蟲黴」（*Entomophaga grylli*）的病菌感染致死的關係。蝗蟲若不幸沾到這種黴菌的孢子，長出的菌絲會鑽進蝗蟲體內，從血液和內臟中吸收水分，讓蝗蟲身體變得僵硬。被感染的蝗蟲會不由自主地爬到葉子尖端，緊抓葉子後、頭朝上死去。有一說是這種黴菌操控蝗蟲爬到高處死亡，是為了便於孢子傳播。

中華劍角蝗的一生

※沒有被寄生的話

0 ～ 9個月	9個月 ～ 11～12個月	11～12個月 ～ 14個月
卵期	幼蟲期	成蟲期

- 0：產卵
- 9個月：在5月左右孵化
- 幼蟲期：逐漸蛻皮成長
- 11～12個月：7月中旬至8月開始羽化成成蟲
- 成蟲期：繁殖期約在8月下旬至9月
- 14個月：在10～11月，交配產卵後成蟲陸續死亡

※日文的「精靈」有亡魂之意，而盂蘭盆節類似中華文化的中元節，是慎終追遠的日子，因此在這段時間常能看到這種蝗蟲，感覺好像祖先回來，故別稱「精靈蝗蟲」。

一心等待
死去主人歸來的
八公犬最後結局

日本涉谷車站前有個著名地標「忠犬八公」。以「一直等待主人的狗」而聞名的八公犬有著怎樣的一生？結局又是如何呢？

小八生於1923年日本秋田縣，出生後沒多久就被東京帝國大學農學部的上野英三郎博士領養。自從一起生活，小八會在主人去大學上班時，每天陪他從家裡走到涉谷車站的剪票口或是直達學校※，也會在主人回來時前去迎接，一直過著平和的生活。然而好景不常，每天接送的日子僅持續一年多。有一天，小八依舊在傍晚到校門口迎接，卻不見主人的身影。原來上野博士在開完學校的會議後，突然腦溢血倒地死亡，但什麼都不知道的小八仍前往涉谷車站，在主人的喪禮期間也一直等候主人歸來。

上野博士死後，小八在博士妻子的親戚照料下離開了涉谷，但小八仍回到涉谷車站，每天都期待上野博士從列車下車的那一刻。雖然小八曾經遭遇野狗襲擊而使耳朵受到重傷，但牠仍堅持在同樣的地方等待主人，就這樣日復一日持續了長達10年的時間。有記者注意到小八，將牠寫成報導並刊載在《東京朝日新聞》的報紙上，就這樣小八變成家喻戶曉的狗，為了對忠誠的等待主人的小八表達敬意，大家開始尊稱小八為「八公」。

小八的一生結束的非常突然，在1935年3月8日，有人在涉谷川上的稻荷橋附近發現小八的屍體，結束了牠約11年的壽命。知道小八的人都對小八的離世都感到悲傷，紛紛前往涉谷車站悼念。小八的墓碑立在都立青山靈園裡上野家的墓地，至今仍有來自世界各地的人們前來緬懷小八。

※東京大學農學部位於涉谷車站附近。

因為突發狀況或是悲慘命運而死亡的生物不在少數。雖然想避免因為意外導致的死亡，但總有些生物因為有著奇特的習性，反而會直面死亡。一起來看看這些令人悲傷又獨特的生物是如何死亡的。

Chapter 3

因為不就死

心痛度 💧💧💧💧💧

因為角纏在一起無法分離而死亡的麋鹿

名稱	麋鹿
學名	*Alces alces*
分類	哺乳類偶蹄目鹿科
大小	約 2 ～ 3 m（體長）
壽命	約 15 ～ 25 年
分布	美國北部、加拿大、歐洲及亞洲北方

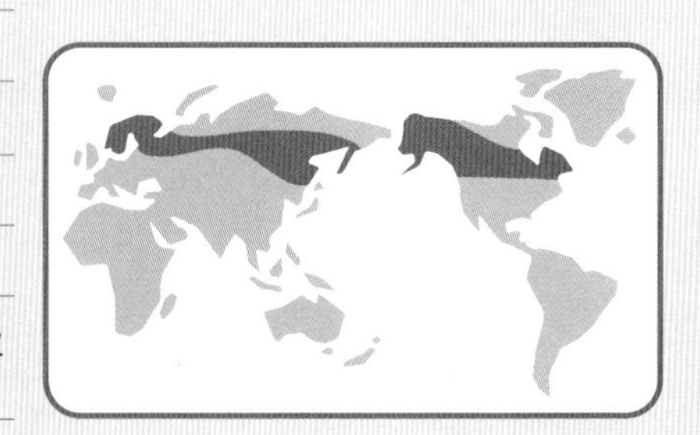

麋鹿是鹿科裡體型最大的動物。雄麋鹿頭上長著約2公尺長、像手掌般的巨大鹿角。

雄麋鹿的角在冬季尾聲會自然掉落，重新再生長，然後每年都從春季一直長到夏季，直到進入秋季繁殖季節時差不多就完全長好了。

9月開始到10月初的這段時間裡，雄麋鹿為了要吸引雌麋鹿，會開始大聲的鳴叫，為了爭奪雌麋鹿的芳心，平常單獨行動的雄麋鹿會聚在一起用鹿角拼輸贏。

不幸的是，有時候雄麋鹿會因為打架，結果頭上的鹿角糾纏在一起而無法分開。如果鹿角一直無法脫落，表示這2隻麋鹿無法自由行動，最終可能會因無法進食而衰弱致死。

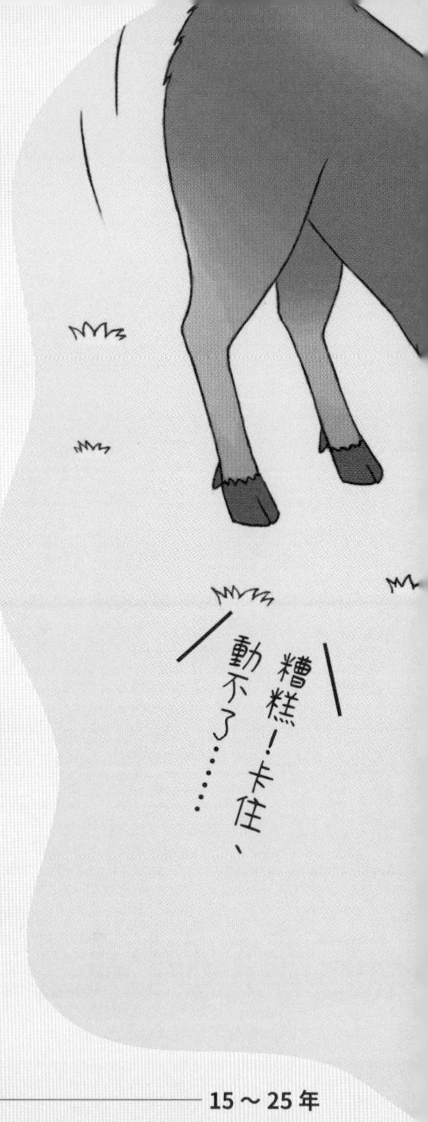

麋鹿的一生

※ 角沒有卡住的話

0 —— 1年6個月 —— 15～25年

幼體期		繁殖期		
出生	出生當天就能行走。直到隔年秋天繁殖期前一直待在雌麋鹿身邊	秋天一到就開始為了雌麋鹿打架	雌麋鹿在5、6月產下1～2頭仔鹿	死亡

心痛度 💧💧💧○○

有00萬分之1！生就死亡的翻車魚

名稱	翻車魚
學名	*Mola mola*
分類	魚類魨形目翻車魨科
大小	約 2.7 m（從背鰭到臀鰭的長度）
壽命	約 20 年（推測）
分布	全世界熱帶、亞熱帶海洋、溫帶海域

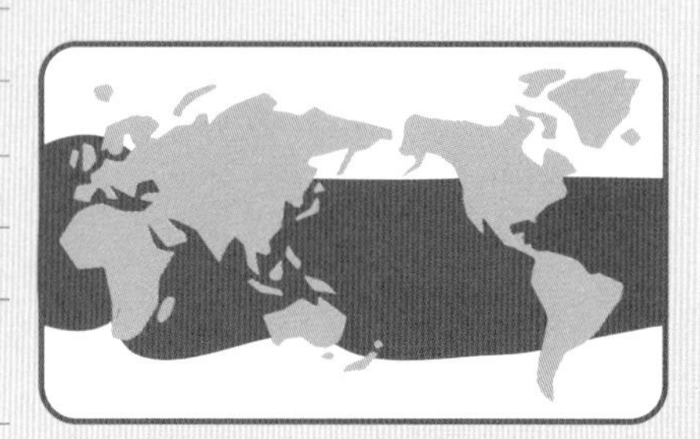

生存率只1億50幾乎一出

翻車魚是世界上現存的硬骨魚（擁有硬骨的魚）中，體重最重的一類魚類。

翻車魚為了能順利的留下後代，會1次產下非常多的小卵，其中僅僅只有少數的卵能順利孵化，翻車魚就是這樣一種以量取勝的生物。

因此，為了後代的生存，翻車魚雌魚的卵巢中約有2〜3億個未成熟卵，1次生產約能排出8千萬個卵。

然而，翻車魚在海中產下的卵或剛孵化的小魚，大多數都會被其他魚類吃掉。

因此假設在雌翻車魚所產的卵中，只有2條存活並成為成魚，表示機率只有1億5千萬分之1，遠遠不及中樂透頭獎的機率（2千萬分之1）。

翻車魚的一生

※ 關於翻車魚的生態，至今仍有許多未明之處。

0 —— 20年

卵期	稚魚期	成魚期
共產下約3億個卵 → 孵化	慢慢變大	繁殖期 → 在海中洄游 → 死亡

無法換氣而溺水死亡的海龜

名稱	海龜
學名	Cheloniodea
分類	爬蟲類龜鱉目海龜總科
大小	約 60 ～ 250 cm（背甲長度）
壽命	約 50 ～ 100 年
分布	熱帶、亞熱帶及溫帶海域

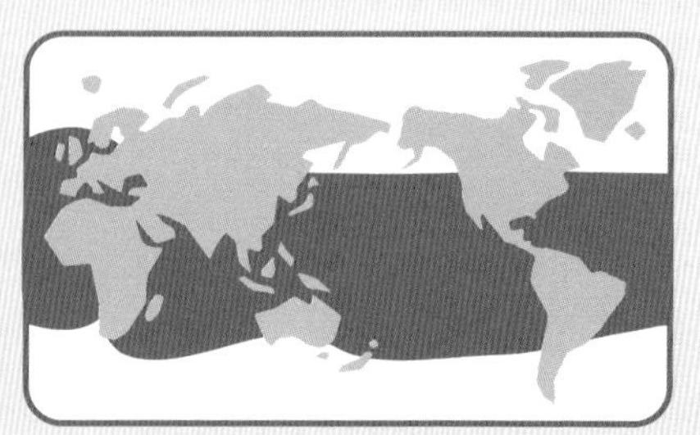

現今全世界的海龜數量逐漸減少，面臨了瀕臨絕種的危機。最主要的原因被認為有濫捕、可以產卵的海灘地減少，以及被定置網等漁網困住而溺死等因素。

和用鰓呼吸的魚不同，海龜是屬於爬蟲類動物，和人類一樣都是用肺呼吸。也因為這樣，一般情況下，海龜需要每20至40分鐘浮到水面換氣，不然就可能會溺水死亡。

一般狀況下的海龜不太可能會溺斃，大多數都是因為被漁網纏住不能動，最終導致無法呼吸才會發生溺斃憾事。從卵孵化到成年海龜，生存率僅有1千分之1左右。因此，海龜溺水死亡是一種極為不幸的情況。

※ 沒有被漁網纏住的話

0 —— 2個月 —— 50～100年

卵期	成龜期			
卵被產在沙灘中	孵化後，小海龜從沙裡出來，爬向大海	小海龜游向外海	繁殖期 雄海龜和雌海龜交配，雌海龜到海灘上產卵	死亡

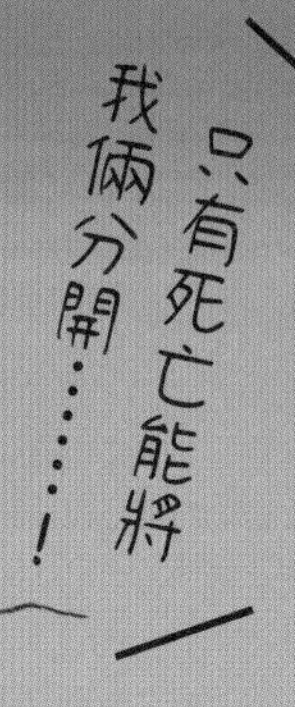

的愛？

家過一生的

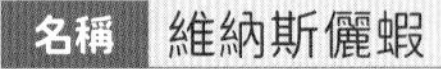

名稱	維納斯儷蝦
學名	*Spongicola venustus*
分類	甲殼類十足目儷蝦科
大小	約 2 ～ 3 cm
壽命	約 6 年（飼育紀錄）
分布	日本、菲律賓、馬來西亞砂拉越水深 60 公尺以上的海底

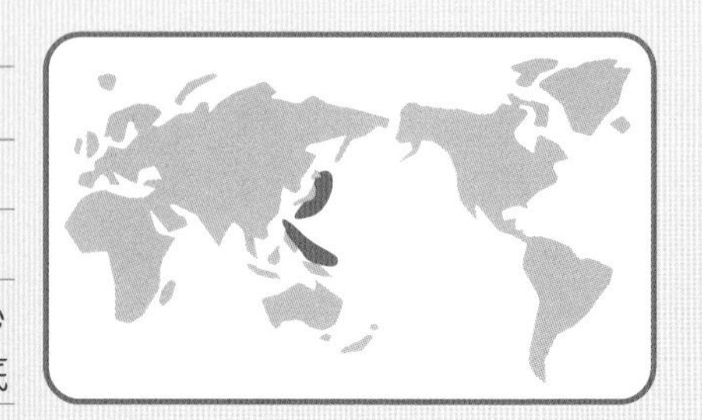

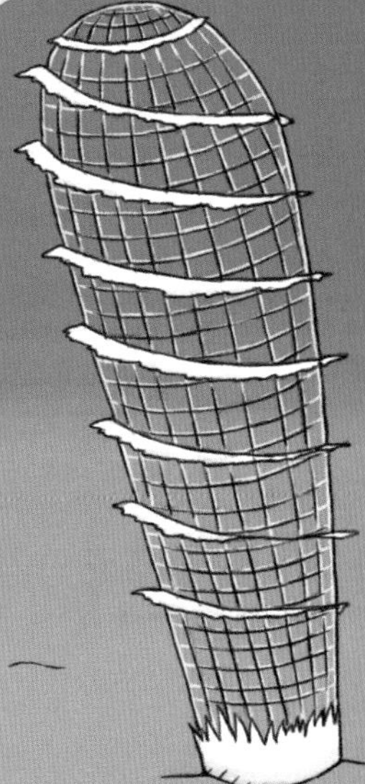

永遠夫妻宅在儷蝦

在水深5百公尺以上的深海裡，有一種名為「偕老同穴」的海綿（*Euplectella* spp.），其身體呈圓桶狀，有由玻璃纖維做成、像籠子一般的骨骼，圓桶內部空蕩蕩的，以浮游動物為食。

在偕老同穴海綿內生活的是儷蝦。所謂的「偕老同穴」一詞，指的是夫妻之間的愛情表現，因為儷蝦會在偕老同穴海綿裡一直生活在一起，所以才會有這樣的名字。

儷蝦在身體還很小的時候，就進到偕老同穴海綿裡，此時的儷蝦尚未分化出性別，而後在偕老同穴裡才分成雄性與雌性。隨著體型愈長愈大而無法離開，只能一直在偕老同穴海綿裡過完一生。

儷蝦的一生

※ 關於儷蝦的生態，至今仍有許多未明之處。

0 — 6年

卵期	幼體期	成體期

- 產卵
- 孵化
- 幼蝦時就從偕老同穴的縫隙進入，可活動於海綿體內和體外
- 隨著成長，儷蝦會漸漸無法離開偕老同穴，尤其是性成熟且成功配對的一對儷蝦，一生都在裡頭度過
- 死亡

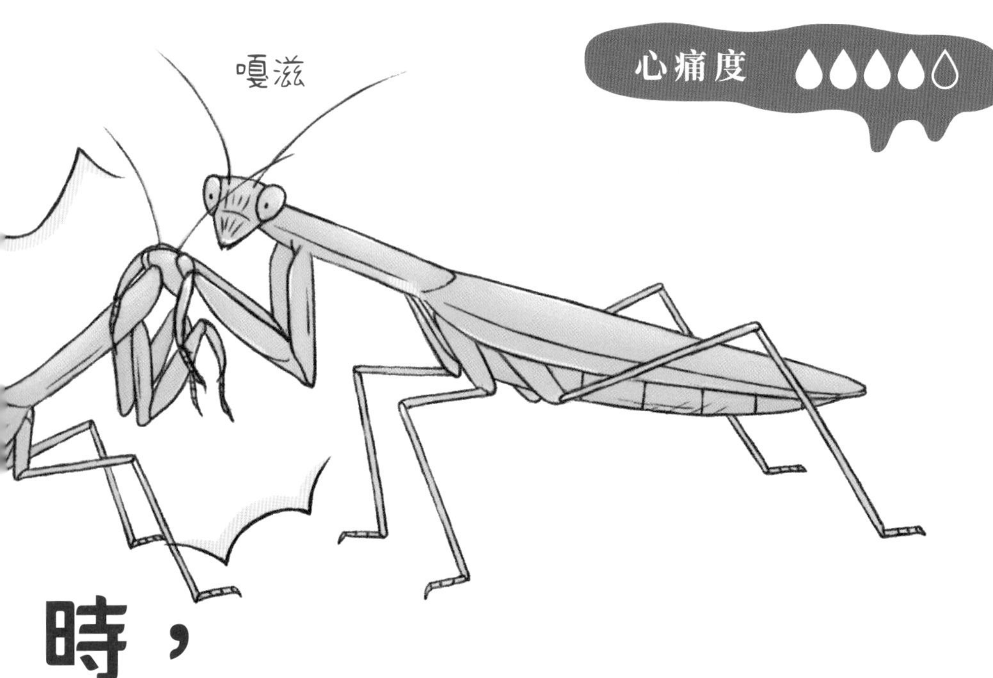

時，
始被啃食的
刀螳

名稱	枯葉大刀螳
學名	*Tenodera aridifolia*
分類	昆蟲類螳螂目螳科
大小	約 7 ～ 9 cm
壽命	約 1 年
分布	日本、中國、臺灣、東南亞

等到發現頭已經開
雄性大

枯葉大刀螳以卵的形態度過冬天，等春天來臨時孵化，接著在夏天成長，一直到夏季結束時會進行交配。螳螂這一類的昆蟲具有捕捉移動物體當作獵物的習性，就連交配中的雄性也有可能會被捕食。

因此想要保住小命的雄性大刀螳，為了不被發現，會從雌性大刀螳的背後悄悄靠近，然後突然跳到背上進行交配。

雌性大刀螳在交配時會扭動身體，試圖捕捉雄性大刀螳，如果雄性大刀螳被抓到就有可能被吃掉。不過即使雄性大刀螳的頭被吃掉，依然不會停止跟雌性大刀螳交配。※1

為了留下後代，雄性大刀螳即使冒著生命危險也必須完成繁殖行為。

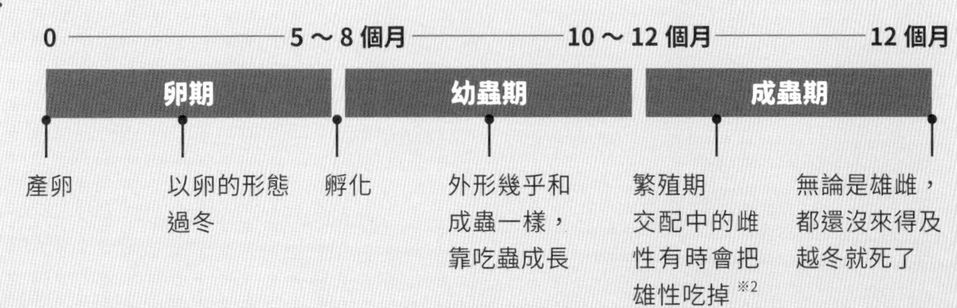

※1：雄蟲交配時若被雌蟲吃掉，其實可以增加交配的時間，反而有機會注入更多的精液。
※2：雄蟲若沒被吃掉，就有機會交配多次，雌蟲則會與多隻雄蟲交配。

心痛度 ●●●○○

工作時發生意外是很正常的！幾乎無法終壽的螞蟻

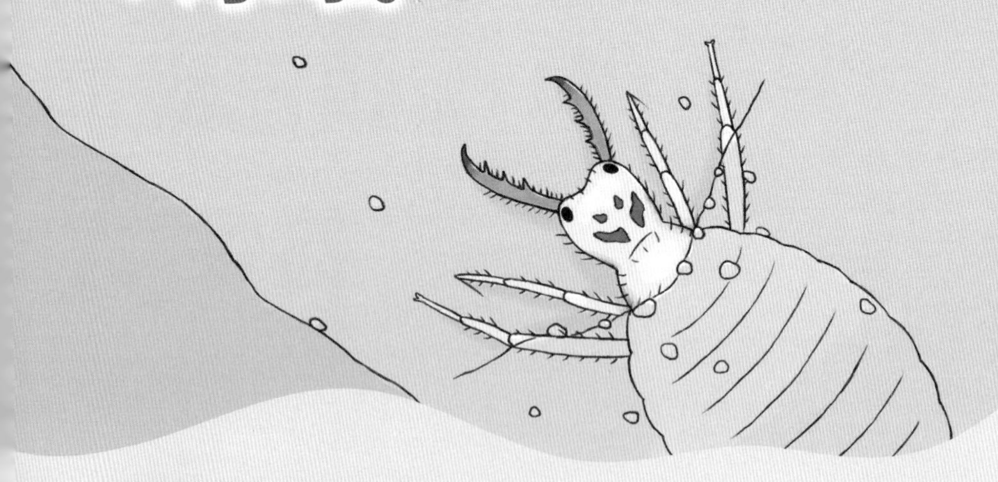

名稱	日本巨山蟻
學名	*Camponotus japonicus*
分類	昆蟲類膜翅目蟻科
大小	約 0.4 ～ 1.2cm（工蟻）
壽命	工蟻約 1 年／蟻后約 10 ～ 15 年
分布	日本、中國、朝鮮半島、東南亞

在住宅地區有種常見的螞蟻，叫做日本巨山蟻。螞蟻是一種群體生活的社會性動物，其組織內有1隻負責產卵的蟻后，還有雄蟻和工蟻。其中，占絕大多數的是工作的工蟻。

工蟻全部都是雌性，工作內容包括養育幼蟲，以及到巢穴外面尋找食物等。

在蟻巢外，工蟻可能會面臨各種危險，其中一個是螞蟻地獄。螞蟻地獄是指蟻蛉的幼蟲（蟻獅）會在地面挖掘漏斗狀的洞穴，等待捕捉不小心落入洞穴的螞蟻並吸取其體液，吸完了就把其他部分丟棄。

工蟻的壽命雖然有1年左右，但大多數的工蟻為了蟻群拚命工作，很有可能在壽命的盡頭到來前就已經死亡了。

※ 以工蟻為例

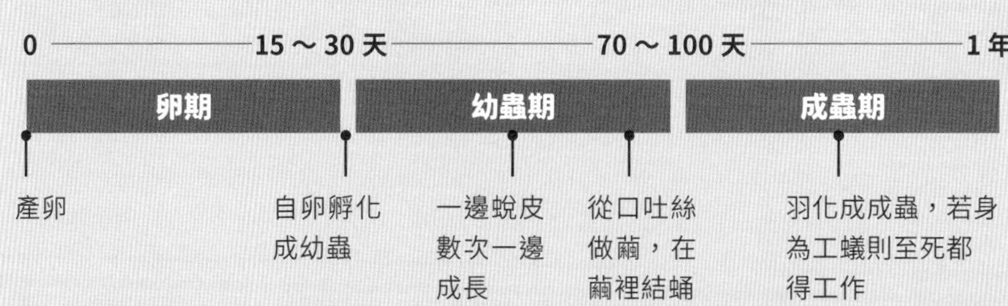

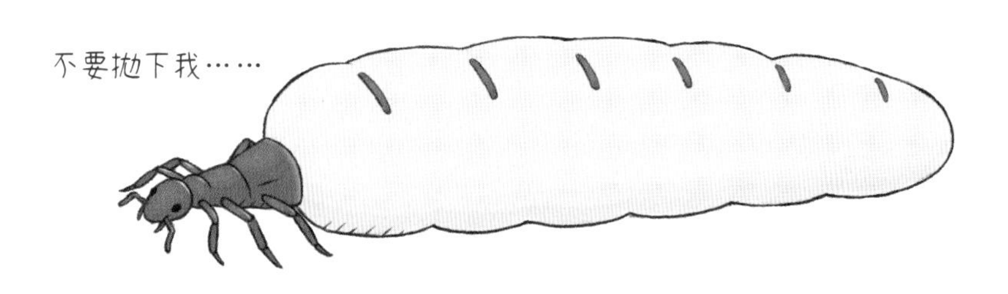

最後被自己的複製蟻取代的棲北散白蟻女王

名稱	棲北散白蟻
學名	*Reticulitermes speratus*
分類	昆蟲類蜚蠊目鼻白蟻科
大小	約 3 cm（蟻后）
壽命	約 20 年（蟻后）
分布	日本、韓國、中國東北

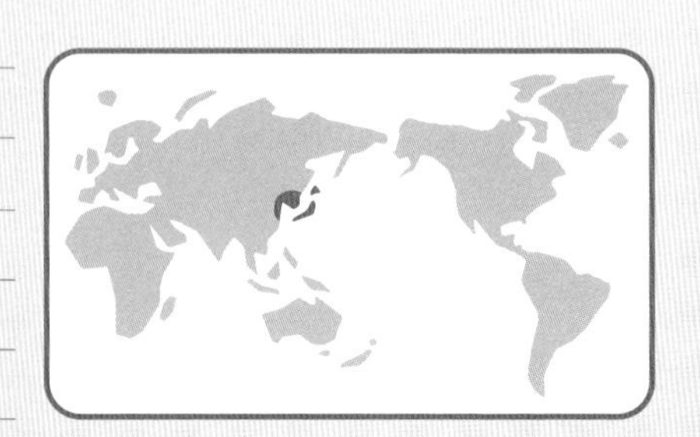

白蟻雖然有個「蟻」字，卻是和蟑螂關係較近的昆蟲。在白蟻巢中，有1隻蟻王和1隻蟻后，以及由其他雄、雌蟻組成的工蟻和兵蟻群體生活在一起。

蟻后負責產卵，工蟻負責為蟻后蒐集食物和清潔巢穴等工作。工蟻及兵蟻皆不具生育能力。若蟻后意外死亡，巢內稱為「補充生殖蟻」的個體會取代蟻后，讓整個蟻巢能正常運行。

在少數物種，如日本常見的棲北散白蟻，蟻后會以有性生殖產下工蟻、兵蟻與有翅繁殖蟻，也會以孤雌生殖產下儲備蟻后（補充生殖蟻）。當蟻后壽命將盡，儲備蟻后會就像複製人般接替交配與生產的工作。不只能確保子代的遺傳多樣性，又能將自己的基因延續下去，一舉兩得。

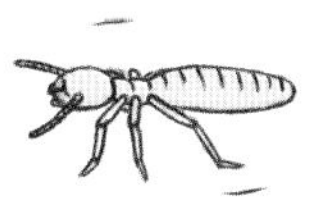

新的女王
在哪裡呢？

白蟻（蟻后）的一生

0 —— 30～90天 —— 約1～2年 —— 20年

卵期 | 幼蟲期 | 若蟲期 | 成蟲期

產卵

自卵孵化成幼蟲

繁殖蟻可能從幼蟲或工蟻發育而來，會多經歷一段若蟲期，大約1年

工蟻和兵蟻的外觀猶如幼蟲，壽命是1～2年

「有翅繁殖蟻」會從巢穴中飛出，大量分飛的白蟻在落地後褪去翅膀，雌雄蟲開始配對和交配，到新的地點成為新蟻王和蟻后

築成蟻窩，形成白蟻群，然後蟻后就在蟻窩裡一整年不停的產卵

有翅繁殖蟻每年都會飛出另尋新巢，巢內長壽的舊蟻后死亡後，會由新蟻后取代，繼續產卵

甦醒不久，太受歡迎的母蟾蜍

心痛度 ●●●●○

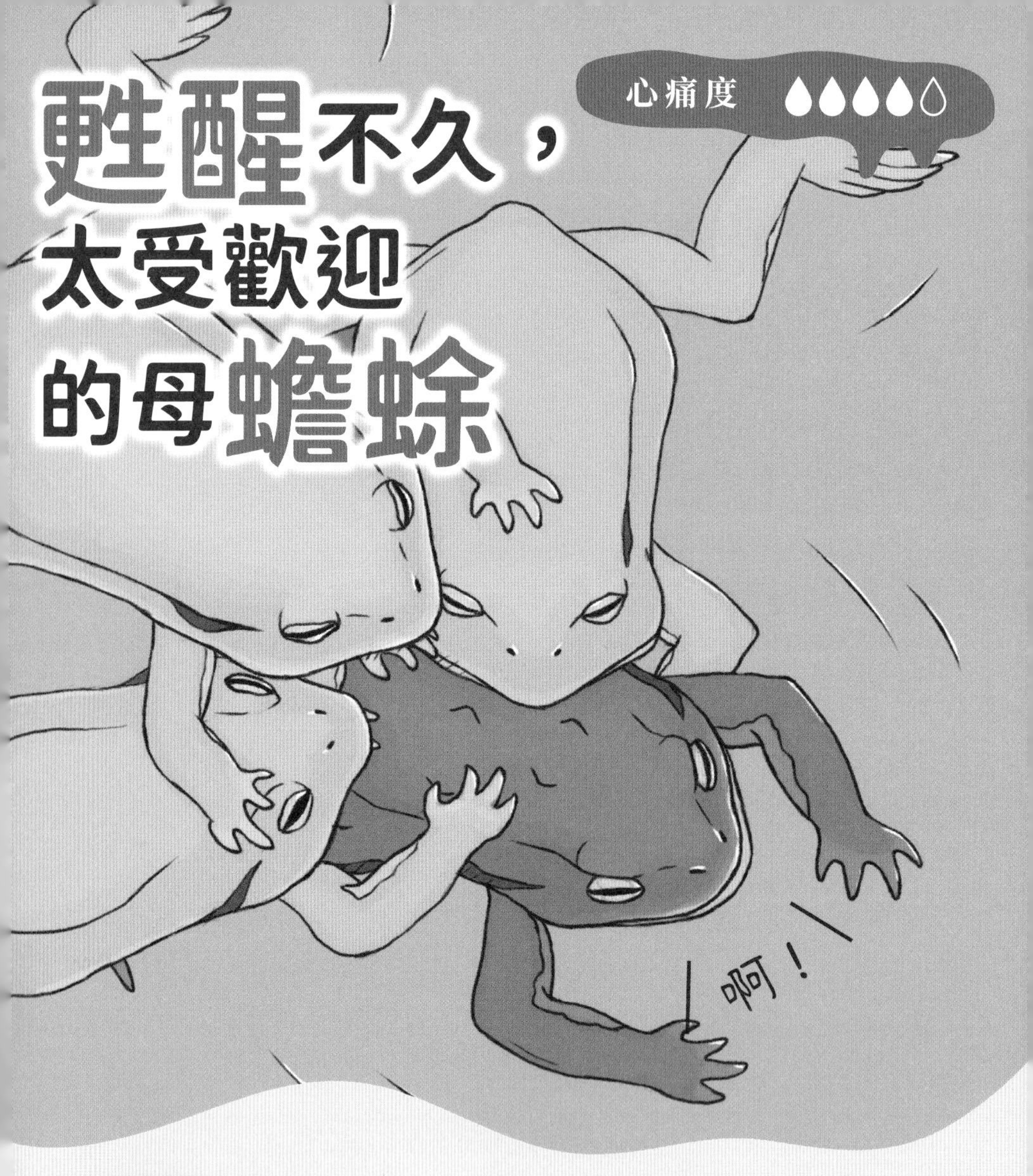

名稱	日本蟾蜍
學名	*Bufo japonicus*
分類	兩生類無尾目蟾蜍科
大小	約 10 cm
壽命	約 10 ～ 12 年
分布	日本

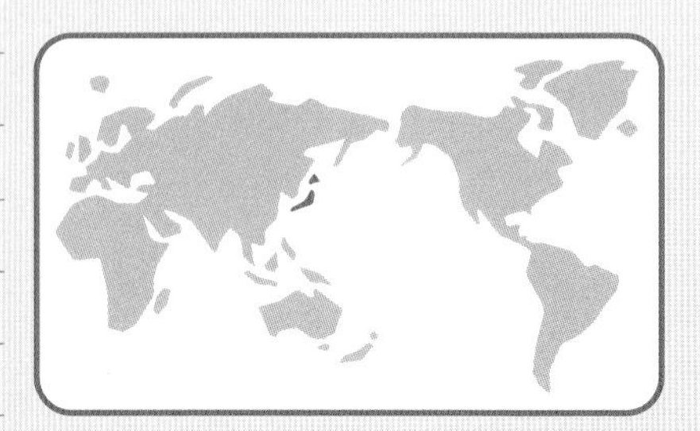

冬眠後就因為被勒死

日本蟾蜍是一種體長10公分左右的大型蛙類，身體有疣狀突起，耳朵後方的腺體則可以分泌出毒液。

早春時節，日本蟾蜍自冬眠醒來，進入繁殖期後，雄蛙會靠近池塘想去尋找雌蛙，但放眼所及盡是雄蛙。一旦雄蛙發現了雌蛙，就會緊抓住雌蛙的腰或是腋下，進行求愛，這樣的行為稱為「抱接」，如此可以刺激雌蛙產卵，與此同時雄蛙則釋放出精子。

因此有時會有好幾隻雄蛙同時競爭1隻雌蛙，一起將雌蛙緊緊抱住的「青蛙大戰※」。如果雄蛙太用力，可能導致雌蛙被勒死。因此繁殖期結束後的池塘，偶而能看見好幾隻被勒住而溺死的雌蛙屍體。

0 —— 10天 —— 3～7年 —— 10～12年

卵期		蝌蚪～幼蛙期	成體期		
產卵	10天左右自卵孵化成蝌蚪	在5月下旬到6月上旬變態成幼蛙	冬天一直在土壤中冬眠	春天時自冬眠醒來，進入繁殖期並產卵	死亡

※ 由於繁殖期短暫，最短可能僅2～3週，因此所有雄蛙都得把握機會。

奪巢穴致命傷的大鯢

名稱	日本大鯢
學名	*Andrias japonicus*
分類	兩生類有尾目隱鰓鯢科
大小	約 60 ～ 70 cm，最大可達 140cm
壽命	60 ～ 70 年
分布	日本中部～九州的山間溪流

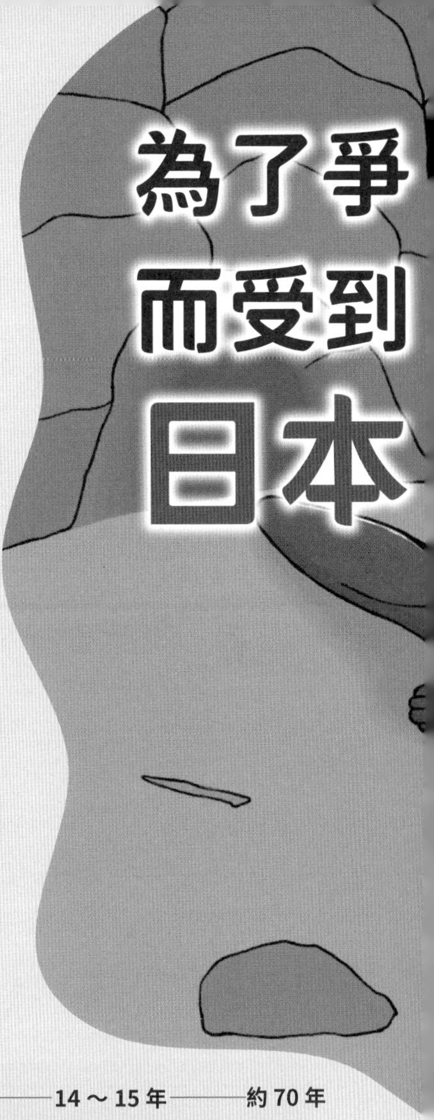

為了爭而受到日本

日本大鯢是一種身體扁平且擁有粗大尾巴的日本特有種動物，中國和日本大鯢也是世界上最大的兩生類動物。

日本大鯢通常生活在河川中，隨著7～8月的繁殖期接近時，會移動到用來產卵的水下巢穴。雄性大鯢先找到巢穴後，雌性大鯢再進入巢穴產卵。但由於巢穴數量有限，沒有巢穴的雄性大鯢便會展開巢穴爭奪戰。而擁有巢穴的雄性大鯢也不甘示弱，試圖驅逐對方，導致雙方的競爭非常激烈。

通常擁有巢穴的雄性大鯢會取得勝利，輸的一方則可能會失去部分身體，甚至喪命。

經歷這場雄性大鯢間的生死搏鬥後，巢穴裡只剩下卵和1隻倖存的雄性大鯢而已※。

日本大鯢的一生

0 —— 50 天 —— 4～5 年 —— 14～15 年 —— 約 70 年

卵期	幼體期	成體期	繁殖期

- 產卵
- 卵約 50 天後孵化
- 幼體會在巢穴裡待上約 3 個月，逐漸具備游泳的能力
- 在 4～5 年間會成長到約 30 公分大的成體
- 死亡

※：大鯢爸爸會留下來照顧卵和孵化後的幼螈，時間可長達 7 個月之久。

心痛度 💧💧💧💧💧

中窒息而死的日本大龍蝨

名稱	日本大龍蝨
學名	*Cybister chinensis*
分類	昆蟲類鞘翅目龍蝨科
大小	約 3.3 ～ 4.2cm
壽命	約 2 ～ 3 年
分布	日本、中國、朝鮮半島、臺灣、西伯利亞

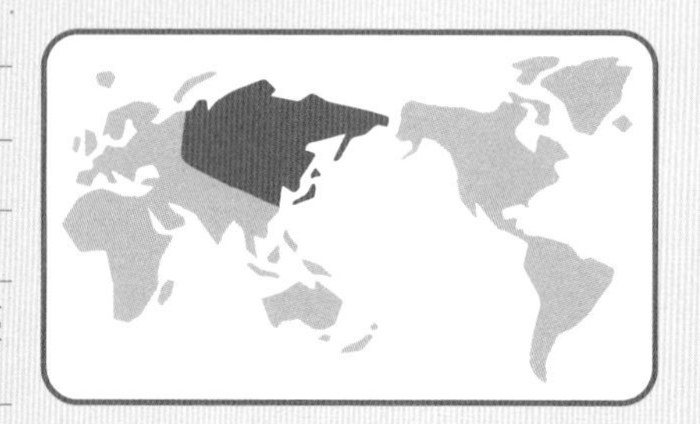

交配 雌性

在過去，無論是田裡或是池塘、沼澤之類的水邊，常常可以看到日本大龍蝨。但最近因為環境的變化，導致日本大龍蝨的數量急速下降，已經被指定為瀕臨絕種動物了。

日本大龍蝨是水生昆蟲，又粗又長的後腳有著像刷子一樣的毛，適合在水面上快速的划水前進。雄蟲的前腳具有吸盤，一般認為吸盤的作用是在交配的時候，可以吸住雌蟲的背並加以固定。

至於在交配中被壓住的雌蟲，一直到雄蟲放開為止，都無法脫離水中。

日本大龍蝨是透過尾部突出水面的方式，將空氣吸入身體，因此交配中的雌蟲無法呼吸，有時會因為窒息而死。

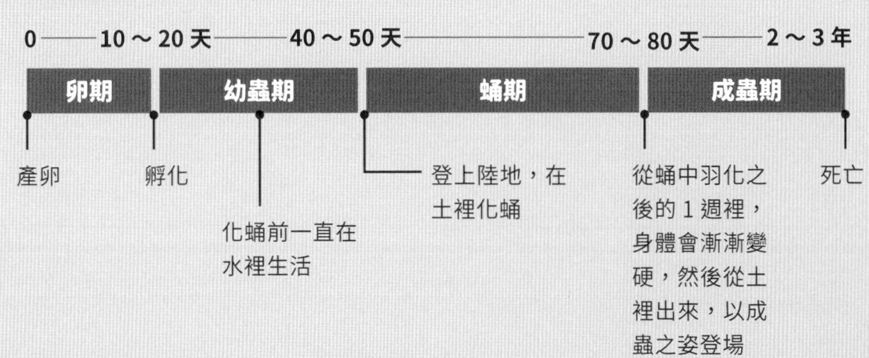

不幸遭隕石撞擊！悲慘的恐龍大滅絕

很久很久以前，距今約2億3千萬年前到6千6百萬年前的這段時間裡，地球上曾出現過很多恐龍，可是這些恐龍因為巨大隕石的關係而導致滅絕。究竟在隕石落下時發生了什麼事情？而這些恐龍又是怎樣面對牠們最後的結局呢？

巨大隕石落下的時間大約是6千6百萬年前，據信落下的地點就在現今墨西哥猶加敦半島的海洋裡。隕石的直徑長達10公里，墜落的瞬間，地殼湧出巨量的噴發物，超強大的衝擊力道引發了數千度的高溫熱浪，襲擊了恐龍和其他生物，地面上出現了大規模的森林火災，導致無數的生物失去了生命。

不僅如此，隕石撞擊所形成的巨大坑洞（隕石坑）還引發海水倒灌，產生超猛烈的海嘯，最大的海嘯甚至高達1百公尺，緊接著爆發的是大地震，芮氏規模超過11，是人類歷史上未曾經歷過的劇烈震動。

再者，因為隕石所引發的衝擊導致大量砂塵揚升，幾乎覆蓋住地球上的每個角落。砂塵遮蔽了陽光，使得氣溫下降，讓地球環境陷入長期的冬季冰冷狀態。這個狀態導致植物無法生長，讓植食性恐龍最終因為沒有食物而絕滅；與此同時，以植食性恐龍為主要獵物的肉食性恐龍也因飢餓而死去。

就這樣，這些倒楣的恐龍就因為巨大的隕石落下而導致相繼滅絕。只要想到那些活到最後一刻的恐龍，是如何忍耐著飢餓和寒冷，孤獨的存活在世上直到最後，就會覺得心很痛。

有時候，對我們人類來說是微不足道的事情，對其他生物而言卻足以致命。這個篇章裡要來介紹一些看似強大，實際上卻很脆弱，或是擁有特殊特質的生物。

Chapter 4

太敏感就死

過於節省體力，導致會在雨天死亡的三趾樹懶

名稱	褐喉三趾樹懶
學名	*Bradypus variegatus*
分類	哺乳類披毛目三趾樹懶科
大小	約 50 ～ 60 cm
壽命	約 30 ～ 40 年
分布	中美洲到南美洲的森林裡

三趾樹懶是一種幾乎活著的時間都在樹上度過的動物。1天要睡8～10小時，1天平均只吃3片樹葉，而爬下樹排便則是1週僅1次，盡可能維持不動以節省體力生活。內臟器官的運作也相當節能，光消化食物就得花兩週以上。所以吃很少也動很少的三趾樹懶，可說是極為嬌嫩的動物。

一般而言，哺乳類的體溫會維持恆定，因此要保持體溫通常需要大量的能量。不過樹懶屬於不完全恆溫的動物，因此如果連日陰雨且氣溫低，樹懶的體溫會隨之下降，內臟的運作也會變得更緩慢。由於吃進去的食物沒有消化，可能導致肚子裡一堆食物，最後卻得面臨餓死的命運。

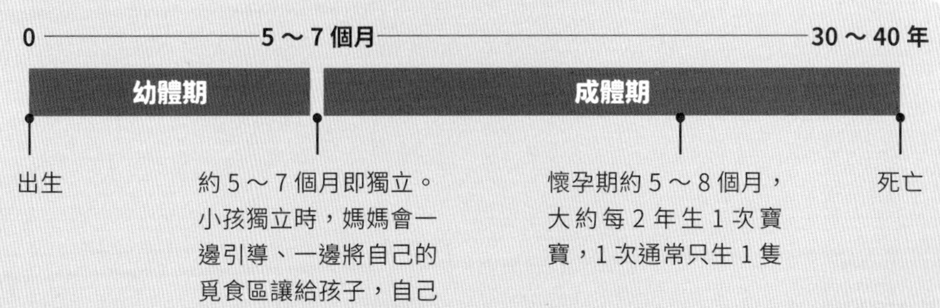

獵捕而備受壓力
消化性疾病之苦而死亡
部大猩猩

名稱	西部低地大猩猩
學名	*Gorilla gorilla gorilla*
分類	哺乳類靈長目人科
大小	約 1.4 ～ 1.8 m（身高）
壽命	約 30 ～ 40 年
分布	非洲中部

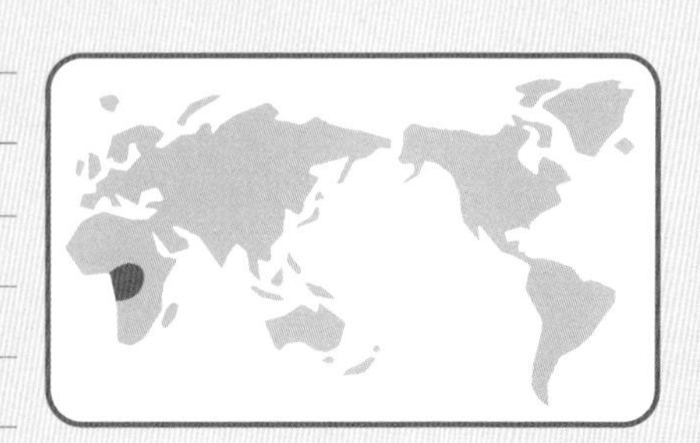

雖然從外表上有點難以想像，不過大猩猩可是有著高警覺性的習性，在哺乳類中屬於智能高且具有溫和個性的動物。因此若非緊要關頭，大猩猩更傾向容忍或迴避，家族內的關係較為緊密與和諧。

大猩猩雖然沒那麼頻繁打架，但打架的原因通常和爭奪領導地位有關，比較不會因爭奪食物或不同群體間的摩擦而打架。只是群內爭奪地位的打架，大多會留下不少傷疤，多數傷口會癒合，卻也不乏因此死亡的雄性大猩猩。

大猩猩會一直注視著死掉的同伴，甚至去幫牠理毛。這可能是因為大猩猩是具備高心智能力的動物，因此出現像人類為死去同伴哀悼的行為。

0 —— 3 年 —— 5 年 —— 7～10 年 —— 15 年 —— 18 年 —— 30～40 年

寶寶期｜幼年期｜成體期

- 出生
- 出生後，母親會一直哺乳到寶寶 3 歲
- 3 歲左右進入離乳期，寶寶開始融入大猩猩群體生活
- 5 歲左右會從母親的床邊移動到父親的床邊，開始學習獨立
- 雌性約 7 歲，雄性約 10 歲性成熟
- 12 歲開始，雄性大猩猩頭頂會出現骨質突起。至 17 歲，所有雄性大猩猩都有高聳的頭頂
- 在飼養環境下，有時也能活過 50 年以上

心痛度 💧💧💧○○

超級脆弱！獵就可能死亡的土豚

名稱	土豚
學名	*Orycteropus afer*
分類	哺乳類管齒目土豚科
大小	約 1.3 m（體長）
壽命	約 15 ～ 20 年
分布	非洲

個性
遭遇補

土豚會用很堅硬的爪子在地上挖洞、製作巢穴；要躲避獅子、鬣狗或豹等天敵時，也會挖洞躲藏；覓食時，要破壞白蟻巢穴，堅硬的爪子也能發揮強大作用。不過土豚不只爪子強硬，身體也非常堅硬，所以即使被獅子的爪子揮到，或是被白蟻咬，也完全沒問題。

身體堅硬健壯的土豚，卻可能因為領地觀念低且過於膽小脆弱、缺乏自衛能力，在遇到敵人時來不及反應與躲避而死亡。頭部成為弱點的原因尚不清楚。有一說是因為土豚都用長舌頭將白蟻捲入吞嚥，幾乎用不到牙齒，所以下顎的力量減弱；但同樣以螞蟻為食的南美大食蟻獸的骨頭卻很堅固，因此這種說法無法成立。

0 — 6 個月 — 2 年 — 18 年

寶寶期｜幼體期｜成體期

出生

出生 3 個月後離乳

出生後 6 個月就能獨立，在媽媽生下一個寶寶前會一起行動

無論雄雌都約 2 歲左右成年

懷孕期約有 7 個月，通常 1 年只會產下一個小孩

在飼養環境下約有 18 年的壽命

因為吃太飽，再生能力失常——被切斷就死掉的渦蟲

名稱	日本三角渦蟲
學名	*Dugesia japonica*
分類	扁形動物三腸目三角渦蟲科
大小	約 2 ～ 2.5 cm
壽命	未知（但理想上是無限）
分布	日本、韓國、中國東部、臺灣、西伯利亞地區

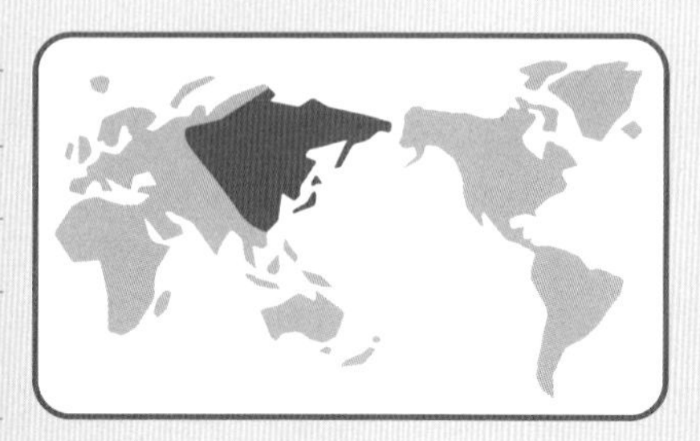

在學校自然科實驗常會遇到的淡水渦蟲，是種會繁殖產卵，但也能利用斷裂方式來進行無性生殖、增加個體數的動物。再生能力很強，只要分割成兩部分，就能各自再形成完整的個體。不同物種的再生能力不同，少數只靠無性生殖繁衍的種類，再生次數基本上是無限。只要條件對，就能一直斷裂並再生，猶如不死之身。

但若水溫或水質等環境惡劣，渦蟲可能在斷裂前就死亡，或在虛弱時，即使斷裂也無法成功再生。此外，渦蟲在剛吃飽、消化道充滿食物時被切開，斷裂生殖便無法成功。因為切開的傷口會撐大，具有再生能力的組織無法包覆，最終只有死掉的命運。

0	30 天		未知
卵期	幼體～成體期		
在春天時會產下直徑約 1～2 毫米的卵囊	約 1 個月後，1 個卵囊會孵化出 5～15 隻小渦蟲	依據環境等條件發展出生殖器官，然後 2 個個體交配、互換精子、行有性生殖後產卵	產卵後生殖器官即萎縮。同 1 年內可交替生殖策略，但無法同時進行。若環境穩定，就可以一直存活下去

光是相機的閃燈就能造成超大壓力，

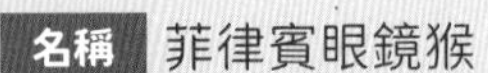

名稱	菲律賓眼鏡猴
學名	*Carlito syrichta*
分類	哺乳類靈長目眼鏡猴科
大小	約 12 ～ 15 cm（身高）
壽命	約 10 ～ 20 年
分布	菲律賓

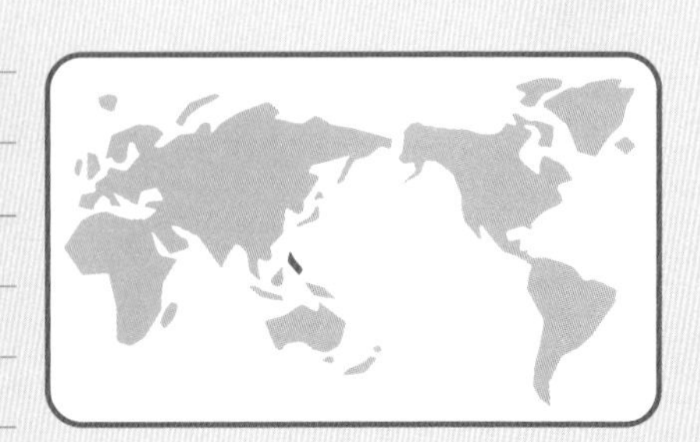

最後緊迫致死的眼鏡猴

東南亞的眼鏡猴自成一類，有著不成比例，甚至大過腦和胃的大眼睛，個性膽小且敏感。是夜行性動物，所以僅是微弱的光線都可以察覺，因此若是被相機的閃光燈閃到，就有可能導致視力受損。更慘的是，或許還會因為強光而倍感壓力，最終導致死亡。

為了保護敏感、纖細的眼鏡猴，像菲律賓的保和島（或稱薄荷島）的自然保護地區設置了許多限制，盡量避免造成眼鏡猴的壓力，例如禁止遊客使用閃光燈、大聲喧嘩、直接觸摸，或搖晃眼鏡猴的棲木等會讓眼鏡猴嚇到的行為。如果沒有這些限制，眼鏡猴可能會出現用頭撞籠壁，或因驚嚇而停止呼吸等看似自殺的行為。

0 — 1 年 — 2 年 — 10～20 年

寶寶期	幼體期	成體期

- 出生
- 出生後約 19 天就可以像大人一樣在枝條間跳躍，會一直喝母奶到 2 個月大
- 2 歲左右性成熟，進行交配
- 多數是一夫一妻制。懷孕期約 6 個月，1 次只生 1 個小孩。母猴會用嘴叼著寶寶，或讓寶寶含住乳頭來移動

身為最強生物的水熊蟲，但是一踩就死了

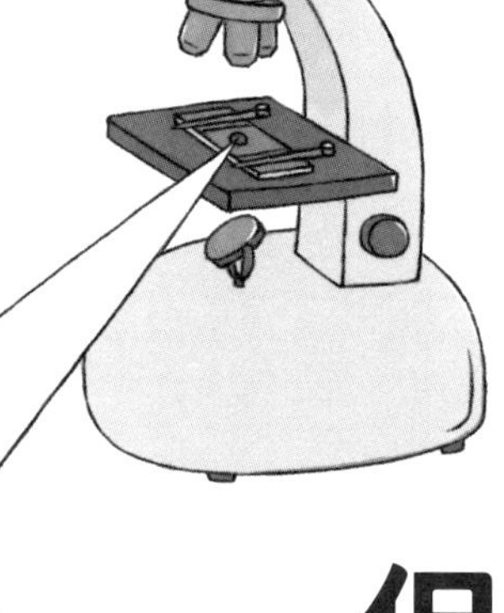

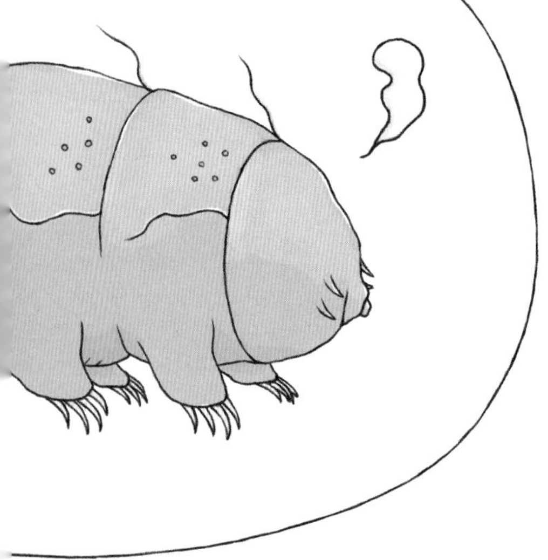

名稱	小斑熊蟲
學名	*Milnesium tardigradum*
分類	緩步動物近爪目小斑熊蟲科
大小	約 0.2 ～ 0.7 mm
壽命	自卵孵化後 14 ～ 58 天，若加上假死狀態推測可活 6 年
分布	世界各地的潮濕環境

水熊蟲被認為是最能忍受極限環境的最強生物，因為牠能在地球上的極低溫如絕對零度（攝氏零下273度），或高達攝氏151度的環境中生存。此外，水熊蟲在地球上幾乎沒有的7萬4千大氣壓下，或在會讓人類致命的強烈輻射線中也能存活。把水熊蟲放在真空狀態下的宇宙中10天，回到地球後灑點水又復活了。有研究指出，在南極採集到凍結了30年以上的水熊蟲也能起死回生。

然而無敵的水熊蟲只有在乾燥假死狀態下才會發生，即脫水後的休眠狀態。而且還得慢慢脫水，如果快速抽乾體內的水分，很容易就死了。此外，水熊蟲的身體並不堅固，只要被踩到也會立刻死亡。

0 — 10天 — 60天

卵期		幼體～成體期		
產卵	5～16天左右孵化，小斑熊蟲寶寶誕生	一邊蛻皮一邊成長	雌雄異體，但目前已知可行孤雌生殖	卵會產在舊皮和新皮之間，蛻皮成功後媽媽會離去，卵會附著在舊皮裡

心痛度 💧💧💧💧💧

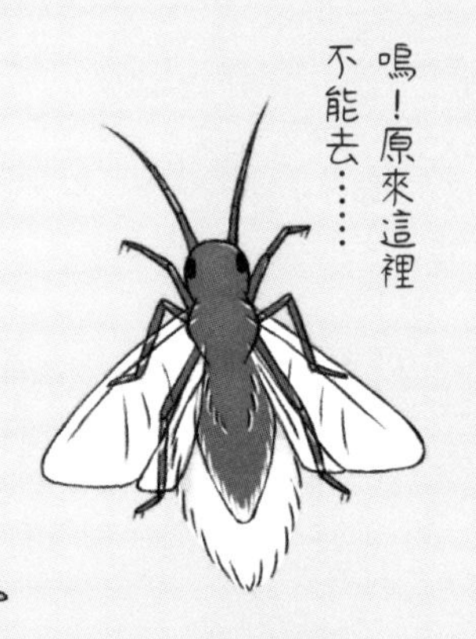

光是降落在玻璃窗上就會死亡的雪蟲

名稱	東方捲葉綿蚜
學名	*Prociphilus oriens*
分類	昆蟲類半翅目綿癭蚜科
大小	約 3 ～ 5 mm
壽命	有性世代的雄蟲約 1 週，無性世代的雌蟲約 1 個月
分布	日本本州東北、北海道、庫頁島、西伯利亞、朝鮮半島

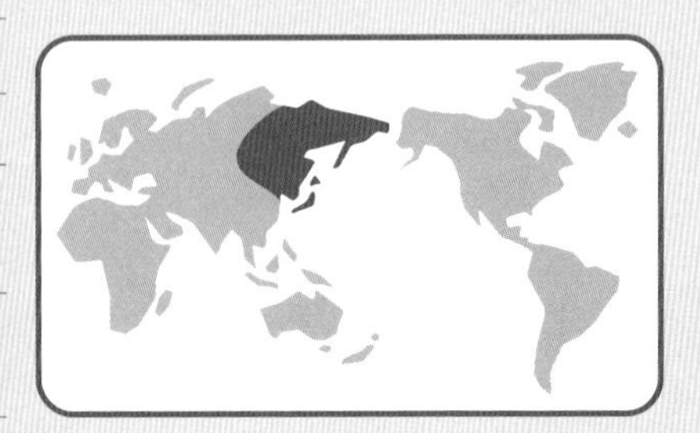

在北海道的晚秋，常可見到稱為「雪蟲」的東方捲葉綿蚜，飛行力弱，常像雪一樣在風中飄。雪蟲對熱特別敏感，人的體溫或降落在玻璃窗上都可能讓牠們無法動彈而死亡。

雪蟲大多時候只有雌性，能孤雌生殖產生與自己相同的個體。早春在梣樹上自卵孵化，夏天飛到庫頁冷杉（*Abies sachalinensis*）的根上寄生，晚秋到梣樹上產卵後死亡。以卵度冬到早春再孵化，但雌蟲壽命僅1個月，因此這個循環會由5至7個世代接續進行。

雄蟲只在這個循環中，當年最後的有性世代才登場。最後這批無翅的雪蟲沒有嘴，皆無法進食。壽命僅1週，在秋末出現並交配後就死了。

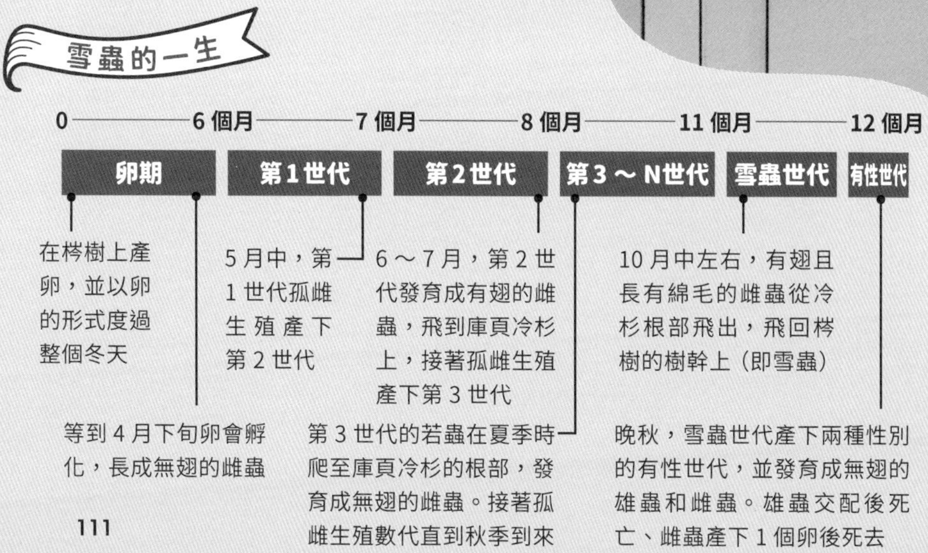

雪蟲的一生

0 — 6 個月 — 7 個月 — 8 個月 — 11 個月 — 12 個月

卵期

在梣樹上產卵，並以卵的形式度過整個冬天

等到4月下旬卵會孵化，長成無翅的雌蟲

第1世代

5月中，第1世代孤雌生殖產下第2世代

第2世代

6～7月，第2世代發育成有翅的雌蟲，飛到庫頁冷杉上，接著孤雌生殖產下第3世代

第3～N世代

第3世代的若蟲在夏季時爬至庫頁冷杉的根部，發育成無翅的雌蟲。接著孤雌生殖數代直到秋季到來

雪蟲世代

10月中左右，有翅且長有綿毛的雌蟲從冷杉根部飛出，飛回梣樹的樹幹上（即雪蟲）

有性世代

晚秋，雪蟲世代產下兩種性別的有性世代，並發育成無翅的雄蟲和雌蟲。雄蟲交配後死亡、雌蟲產下1個卵後死去

動物園裡的可憐猛獸成為戰爭下的犧牲品

動物園是一個可以觀賞並接觸到許多動物的休閒娛樂場所。但距今約80年前的動物園曾發生悲慘的事情，因為戰爭的關係，導致動物被大量屠殺。

1939年第二次世界大戰在歐洲爆發，日本也陷入激烈的戰爭中，越來越多人擔心「萬一炸彈落在動物園，那些兇殘的動物可能因此逃脫而襲擊人類」，儘管動物園努力向市民宣導「若受到炸彈攻擊，動物在逃脫前應該就已經死了」來安撫人心，但到1943年政府終於不得不下令要處死這些危險的猛獸。

在這道命令下，熊、豹、大象、獅子、鱷魚、蛇等「危險動物」相繼被殺，處死的方法主要是毒殺或是絞殺。如果有動物不吃含有劇毒的食物，就會被用繩子纏住脖子窒息而死，或是活活將牠們餓死。

有個有名的故事就是在講大象約翰和東奇。這兩隻大象面臨被餓死的命運，當牠們看見飼養員時，開始竭盡全力擺動牠們虛弱的身體，以為只要使盡花招討飼養員歡心，就能得到食物。

1943年8月11日，日本上野動物園開始進行動物屠殺，接著日本全國的大型動物園也跟進殺害園區裡的動物，被殺害的動物數量高達170隻以上。

那些深愛動物的動物園員工是以怎樣的心情面對這些動物的最後時刻呢？這些被殺害的動物最後又在想什麼呢？光是想像這場景，內心不禁感到萬分痛苦。

現在是人類社會的太平世界，所以理所當然有動物園的存在，但在戰爭下，不僅人類葬送生命，動物也成為兵戈下的犧牲品。

有些動物儘管速度敏捷，但戰鬥能力卻很低；有些想用裝死來逃過一劫，但最後卻被吃掉；還有動物過於挑食，最終導致餓死……來看看這些每天都過得很辛苦的動物故事，牠們因為某些能力太過專精，反而顯得有點笨拙，但是其生存的姿態卻很能打動人心。

Chapter 5

太過專就死

無法過上安定生活，只能痛苦的忍受高壓生活直至死去的獵豹

名稱	獵豹
學名	*Acinonyx jubatus*
分類	哺乳類食肉目貓科
大小	約 1.5 m（體長）
壽命	約 8 ～ 10 年
分布	非洲、西亞

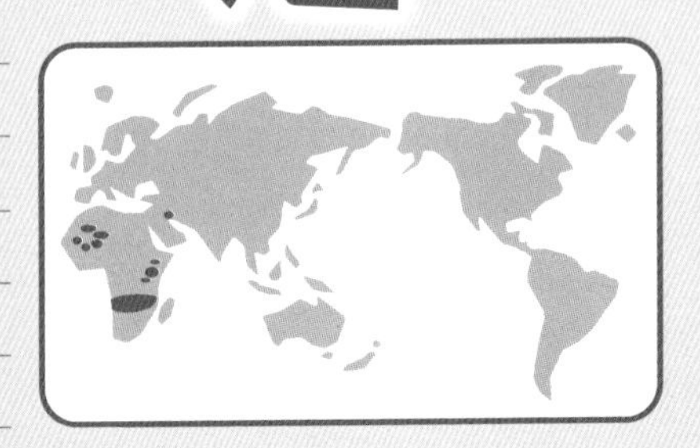

在陸地動物中，奔跑速度最快的是獵豹，速度最快可達到每小時93公里，且加速度和減速度的能力比跑車還厲害。

只是獵豹的這種高速模式僅能維持10~20秒左右，無法長時間持續快速奔跑。所以要捕捉獵物時，得先悄然拉近與獵物間的距離至數十公尺內，再一口氣的快速襲擊。

獵豹的身體為了能快速奔跑，具有頭很小且咬合力弱、腿很細等特徵，也因此讓獵豹在防禦力或攻擊力上都很低，是大型貓科動物中最低的。

而且拚命捕抓到的獵物，最後卻被鬣狗群給半路攔截也是常有的事。更糟糕的是，如果獵豹敢反抗，有時候甚至會受到致命的傷害。

為了這些孩子，不得不努力啊……

0 —— 2年 —— 8～10年

幼體期	成體期	
和母親一起生活，學習如何狩獵	雌豹離開媽媽和手足群，單獨討生活。雄豹兄弟在離開媽媽後則會組成聯盟一起狩獵，有時聯盟也會加入沒有血緣關係的年輕雄豹	死亡

因為裝死，結果被吃掉的維吉尼亞負鼠

名稱	維吉尼亞負鼠
學名	*Didelphis virginiana*
分類	哺乳類負鼠目負鼠科
大小	約 30 ～ 55 cm（體長）
壽命	約 4 年
分布	北美洲、中美洲

擁有長尾巴，像老鼠一樣的維吉尼亞負鼠，事實上和袋鼠一樣，屬於有袋類的動物。

一般人對維吉尼亞負鼠的印象，除了會把寶寶背在身上移動外，還會「裝死」。一遇到敵人，就會張嘴伸出舌頭，讓排泄物自身上流淌而出，還會排放出具有腐臭味的液體並倒地不起。即使稍微被戳或是尾巴被咬，也是一動也不動。

像草原狼（*Canis latrans*）或是截尾貓（*Lynx rufus*）等這類幾乎不吃死掉動物的天敵，對假死狀態的負鼠失去興趣而離開後，負鼠便會迅速逃離。

但若對方真的很餓，裝死有時也會被吃掉。裝死是負鼠的最後手段，這逼真的死亡演技不一定對每個天敵都有用。

0 —— 3 個月 —— 4 年

幼體期 | 成體期

- 出生
- 1 次大約會生下 8～15 隻仔鼠，剛出生的仔鼠大概像蜜蜂一樣大而已
- 3 個月左右斷奶，開始攀附在媽媽背上
- 5 個月大時，離開媽媽獨自生活
- 6～8 個月大時性成熟，雌鼠每年會生 1～3 胎的小孩
- 死亡

除了卵什麼都不吃，最終餓死的食卵蛇

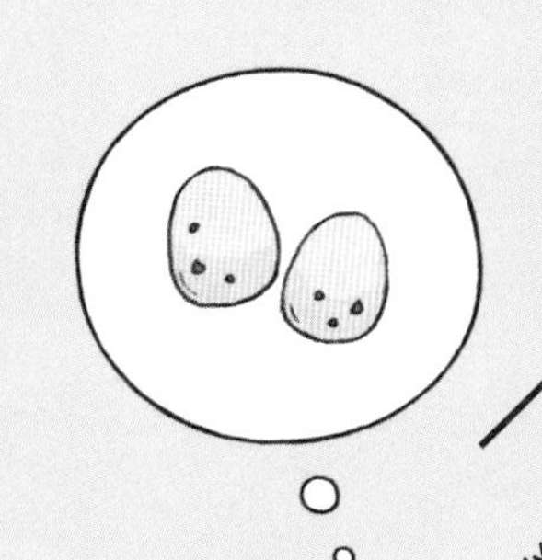

名稱	非洲菱斑食卵蛇
學名	*Dasypeltis scabra*
分類	爬蟲類有鱗目黃頷蛇科
大小	約 80 cm ～ 1 m
壽命	約 10 ～ 15 年
分布	非洲撒哈拉沙漠以外的地區、沙烏地阿拉伯

棲息在非洲熱帶草原上的食卵蛇，是種只吃鳥蛋的奇怪蛇類。食卵蛇幾乎沒有牙齒、數量極少，因為長時間只吃蛋，所以牙齒漸漸退化了。

那麼牠是如何吃蛋的呢？食卵蛇只要把嘴巴張得超大，就可以吞下比自己的頭還要大好幾倍的蛋。

接著將蛋整個吞下，吞進去的蛋在通過食道時，會因為食道裡的凸起構造而裂開，然後食卵蛇再用力扭轉身體，對蛋施以壓力，蛋就會破掉。並且只讓蛋液流入胃中，至於蛋殼則會從嘴巴吐出來。

然而，鳥類在1年中只有某幾個月會下蛋，其他時間食卵蛇沒有任何食物可吃，要是撐不過就可能會因此餓死。

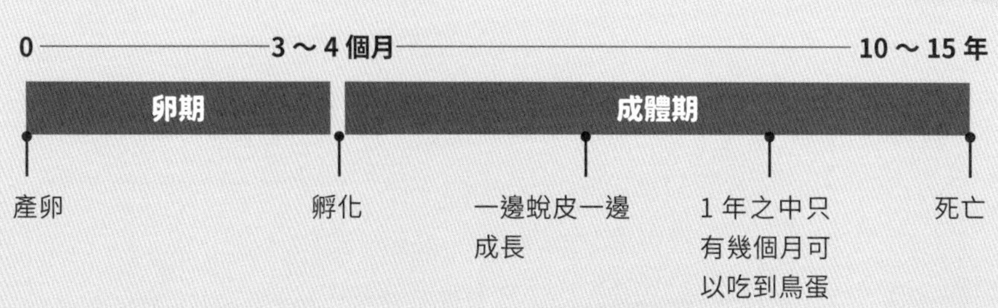

因為腳太長導致蛻殼失敗而死的甘氏巨螯蟹

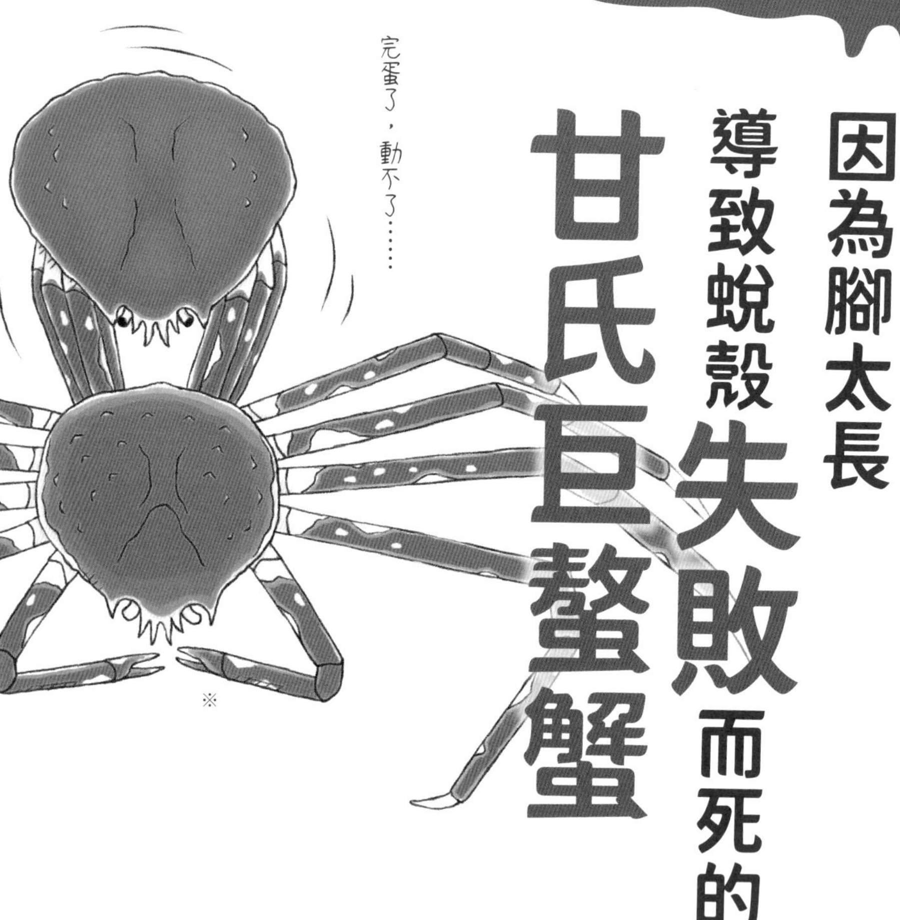

名稱	甘氏巨螯蟹
學名	*Macrocheira kaempferi*
分類	甲殼類十足目巨螯蟹科
大小	約 4 m（兩側腳張開的寬度）
壽命	約 100 年（推測）
分布	日本周邊、臺灣

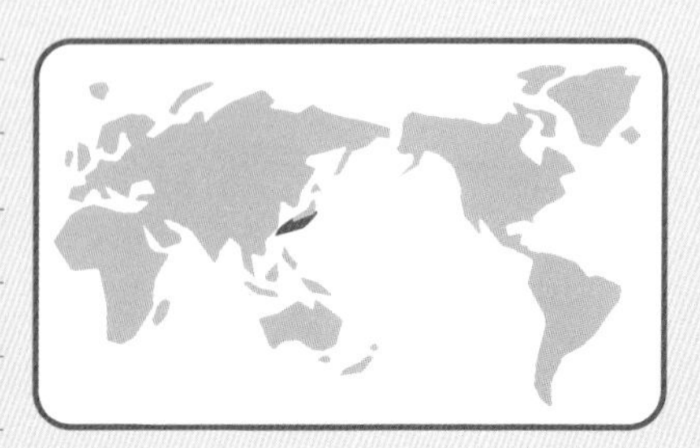

必須很小心的蛻殼！

甘氏巨螯蟹棲息在日本近海水深2百～4百公尺的深海裡，是世界上最大的節肢動物。一般成蟹左右腳張開的寬度接近4公尺。

甘氏巨螯蟹居住在光無法照進的海底，以落下的死魚等屍體為食。小時候外表覆蓋硬毛和刺，隨著成長，硬毛和刺會逐漸消失。長大之後，甘氏巨螯蟹就不容易再被魚吃掉，因此推測壽命可達1百年。

甲殼類動物為了長大會不停蛻殼，甘氏巨螯蟹也是。只是蛻殼對牠來說是最危險的時刻，要花超過2個小時。而甘氏巨螯蟹的腳比其他螃蟹要長，在蛻殼時，蟹腳可能因此脫落，或是因為蛻殼太費力，導致衰竭而被捕食身亡。

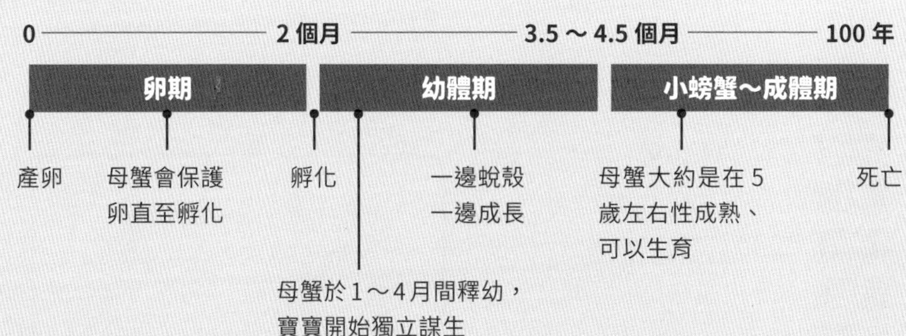

※ 甘氏巨螯蟹的雄蟹「大螯」很長，可以生長至右圖螯長的 2 倍。

最後的手段是自殺式攻擊的桑氏截頭山蟻

名稱	桑氏截頭山蟻
學名	*Colobopsis saundersi*
分類	昆蟲類膜翅目蟻科
大小	約 5 ～ 7 mm（工蟻）
壽命	不明
分布	緬甸、泰國、婆羅洲島的森林

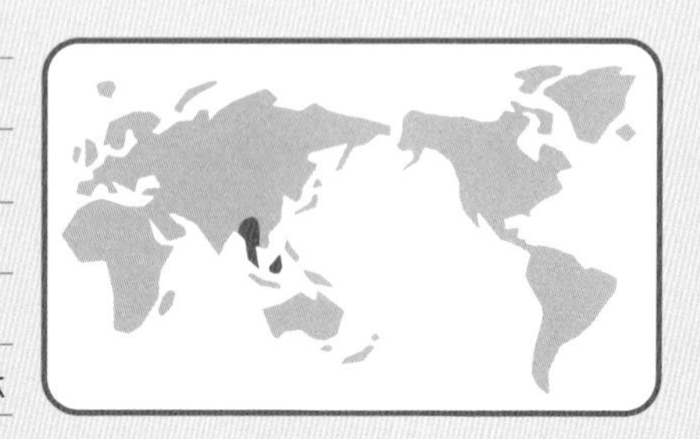

桑氏截頭山蟻（又稱為爆炸螞蟻）是種生活在馬來西亞和汶萊等地的樹棲型螞蟻。

桑氏截頭山蟻工蟻的頭到腹部區域體內，有個裝有刺激臭味、黏稠毒液的大型腺體。當敵人入侵蟻窩，工蟻會收縮腹部爆破腺體，讓毒液噴出。

敵人一旦被帶有黏性的毒液噴到就會無法動彈，並在毒液的作用下最終面臨死亡。

當然這樣做，桑氏截頭山蟻也無法倖免。因為爆破腺體會導致自己的腹部穿孔，所以桑氏截頭山蟻也會隨之死亡。

因此只有在掠食者靠近、或其他蟻群侵入時，桑氏截頭山蟻才會進行自殺攻擊。只有在保護蟻窩時，才值得這樣不計代價的賠上自己的性命。

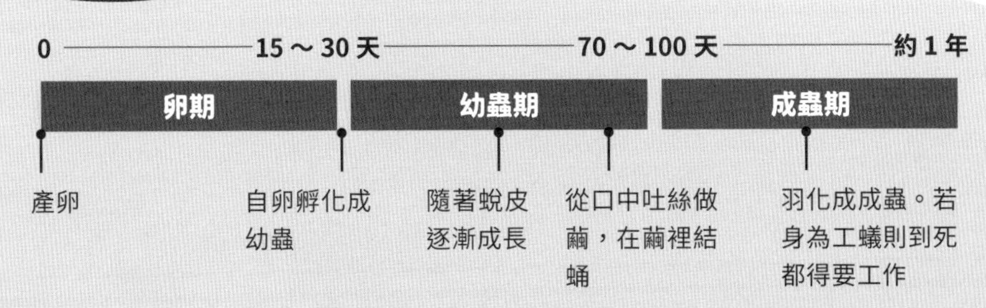

被寄生蟲占領，控制成殭屍的琥珀蝸牛

都是因為
寄生蟲任意操控
我的身體！

名稱	琥珀蝸牛（椎實蝸牛）
學名	Succineidae
分類	貝類柄眼目椎實蝸牛科
大小	約 1 ～ 2 cm
壽命	約 1 年（210 ～ 420 天）
分布	美洲、亞洲、歐洲、澳洲

平常在樹葉底下悄然生活的琥珀蝸牛，有時會在陽光正好時移動到葉子上面。那時的琥珀蝸牛眼柄前端脹大並不停的扭動。其實這並非琥珀蝸牛的習性，而是一類叫彩蚴吸蟲（*Leucochloridium* spp.）的寄生蟲幼蟲所致。這種寄生蟲會讓被寄生的琥珀蝸牛，在白天移動到葉子上的顯眼處，好讓鳥類發現並捕食。跟著蝸牛一起進到鳥類肚子裡的彩蚴吸蟲幼蟲，會在鳥類的腸子裡成長發育為成蟲並交配、產卵，產下的卵再隨著鳥糞排出體外。

當有琥珀蝸牛吃下這樣的鳥糞後，蟲卵就會在琥珀蝸牛體內孵化成幼蟲，並在其眼柄形成孵化囊，即不斷扭動的構造，這時琥珀蝸牛已被操控。

琥珀蝸牛的一生

※ 沒被寄生的話，以普通琥珀蝸牛（*Succinea putris*）為例。

0	11～28 天	5 個月	約 1 年
卵期	幼蝸期	成蝸期	

- 產卵（0）
- 孵化後的蝸牛，和親代長得一樣（11～28 天）
- 蝸牛的殼會螺旋狀成長，逐漸變大，增加螺層數（幼蝸期）
- 蝸牛是雌雄同體，但要 2 隻蝸牛交配，彼此交換精子才能產卵（成蝸期）

一旦被寄生，注定只能痛苦的迎向最終結局——被控制的生物

就像第126頁的琥珀蝸牛一樣，有很多生物是在寄生蟲的操控下度過了一生。寄生蟲為了讓自己能成長，不但吸取宿主的營養，還具有能改變宿主行為的能力。被寄生蟲附身的生物，就像被操控行動的殭屍，最終只能迎來悲傷的結局。

例如，螳螂很容易被一種叫做鐵線蟲的寄生蟲寄生。鐵線蟲的身形非常細長，起初是生活在水裡的動物，其幼蟲被蜉蝣等水生昆蟲吃掉後便開始寄生，等到水生昆蟲羽化成成蟲後再被螳螂捕食，最後寄生在螳螂體內。鐵線蟲一邊吸收螳螂的養分一邊成長，等到性成熟之後，為了要繁殖，便開始控制螳螂的腦部，讓螳螂往水邊移動。等到螳螂跳入水中，鐵線蟲便從螳螂的肚子中逃進水裡，而螳螂最終的命運就是被水淹死。

另外一個例子則是被蜂寄生的蟑螂。這種寄生生物稱為扁頭泥蜂（*Ampulex compressa*），被寄生的蟑螂會有非常悲慘的結局。首先，被扁頭泥蜂相中的蟑螂會被注入毒液，緊接著就被完全操控。扁頭泥蜂會咬著剛恢復行動能力的蟑螂觸角，像是遛狗般慢慢地將蟑螂引導進入扁頭泥蜂挑選好的小洞中。扁頭泥蜂會在蟑螂的前腳基部產卵，自卵中孵化的幼蟲會一邊吸取蟑螂的體液一邊成長，還會在體表咬出一個洞，鑽進裡頭，從裡到外吃遍蟑螂的組織，最後在成為空殼的蟑螂體內做蛹、羽化成為成蜂。蟑螂一旦被寄生，便會在不知不覺中被操控，直到最後被扁頭泥蜂掏空殆盡，就這樣結束悲慘的一生。

時限

看過了這麼多生物的結局，最後來學學每種生物的「生命期限」吧！包含我們人類在內，整理了各個分類生物的壽命。

EPILOGUE

生物的生命

人類可以活到幾歲？

我們人類的壽命可以活到幾歲呢？距今約2500年前的日本繩文時代※，日本人的平均壽命據估計只有30歲左右。當時人類的生活受到環境的影響，許多兒童很容易因為生病或是營養不良而死亡。

後來，日本人的生活漸漸安定，壽命也逐漸延長，現今日本人的平均壽命為84歲，大幅度的延長了人類的生存時間。也就是說，人類到底可以活到幾歲，其實是一個未解之謎。根據統計，人類的最大壽命大約是115歲（也有一說是150歲）。

人類的死亡方式和一般的野生動物、昆蟲都不太一樣，大部分都是因為「老化」而死。所謂的老化，是由於組成身體的細胞機能低下所引起，是一種無法阻止的生理現象。人類的細胞一旦老化，免疫力就會喪失，接著被疾病入侵，最終身體機能就會停滯而死亡。

但實際上，日本人的死亡原因占第1名的是癌症，這種疾病是因為老化造成細胞不易修復受損和突變的DNA而引發的。雖然人類原本就配備了避免人體機能出錯的免疫系統，但是隨著老化，這套免疫系統漸漸無法阻止癌症的發生。就遺傳上來說，人類的壽命應該是55歲左右，因為到這個年紀，罹癌的病患就會急遽增加，開始與疾病奮戰。

現代則被認為是「人生百歲時代」，技術和醫療的發展讓人類的「新生存時限」又更加的延長，今後我們需要認真思考這段時間要如何生活。

※日本繩文時代是西元前1萬年到西元前3百年，是日本從舊石器時代過渡到新石器時代的這段時間。

哺乳類

大型的哺乳類動物一般壽命都很長，因為牠們很少被捕食，大部分都得以安享天年。相反的，小型哺乳類動物就很短命，大多在壽命未盡前就被捕食，因此為了順利留下後代，會有多產的特徵。

生物	壽命
北海獅	20～30年
白犀牛	45年
白鼻心	10年
白頰鼯鼠	7年
伶鼬	1～3年
亞洲黑熊	25年
刺蝟	2～5年
東亞家蝠	3～5年
河狸	20年
河馬	40年

生物	壽命
人	83年
大林姬鼠	2年
大食蟻獸	15年
大翅鯨	60～80年
大貓熊	20年
山羊	5～10年
山豬	10年
天竺鼠	5年
日本獾	15年
牛	20年

生物	壽命
馬	25年
野兔	3～4年
雪貂	7年
鹿	15年
斑馬	20年
黑猩猩	33年
溝鼠	2年
獅子	15年
綿羊	12年
裸隱鼠	30年
豬	15年
樹懶	20年
駱駝	35年
貘	30年

生物	壽命
狐狸	6～7年
虎鯨	50～100年
長頸鹿	10～15年
長臂猿	35年
長鬃狒狒	35年
非洲象	70年
倉鼠	2～3年
家犬	10～13年
家貓	13～17年
海豹	30年
海豚	30～35年
海象	35年
海獺	15年
狼	10年
臭鼬	2年

鳥類

鳥類是常因無法取得食物而變得衰弱，或是受到環境變化影響等原因而死掉的生物。有時也會發生在同個地點，出現鳥類大量死亡的現象。至於其他還有化學物質、禽流感這類的傳染疾病等各式各樣的致死原因。

生物	壽命
家鴨	15年
海鷗	20年
烏鴉	7～8年
麻雀	1.5年
黑鳶	30年
鴕鳥	40年
雞	10年

生物	壽命
小白鷺	5年
天鵝	15年
文鳥	8年
白頭海鵰	28年
白頭鶴	20年
安地斯神鷲	60年
花嘴鴨	10～20年
虎皮鸚鵡	8年
長尾林鴞	20年
皇帝企鵝	15～20年

爬蟲類

爬蟲類動物的壽命都很長，特別是烏龜，被視為是爬蟲類中最長壽的象徵。蛇類的平均壽命約有15～20年，其中大型的蛇類壽命更長，可達50年以上。蜥蜴的平均壽命則有10年。

生物	壽命
陸龜	50年
喙頭蜥	60～100年
森蚺	10年
黃綠龜殼花	14年
綠鬣蜥	10～15年
網紋蟒	20年
豬鼻龜	15年
壁虎	5年
蘇卡達象龜	30～40年
變色龍	5年
鹹水鱷	70年

生物	壽命
中部鬆獅蜥	10年
中華鱉	30年
日本石龍子	5～6年
日本石龜	20～30年
日本四線錦蛇	10～15年
加拉巴哥象龜	100年
亞達伯拉象龜	150年
金龜	30年
食卵蛇	10～15年
海龜	50～100年
真鱷龜	20～70年

兩生類

蛙和螈蠑等兩生類動物，個體的大小和壽命長短成正比。雖然如此，在野外的環境中，因為大多數的個體都是被吃掉，所以實際上運氣好的比較長命，運氣不好的可能就無法長壽。

生物	壽命
美洲牛蛙	7年
宮古蟾蜍	10年
海蟾蜍	10～15年
劍尾蠑螈	20年
墨西哥鈍口螈	5年
箭毒蛙	10年

生物	壽命
日本大鯢	60～70年
日本樹蟾	2～3年
日本蟾蜍	10～15年
赤腹蠑螈	20年
非洲牛蛙	20～30年
南美角蛙	5～8年

魚類

以魚類來說，通常較大型的魚種擁有比較長的壽命。不過人多數的魚自卵孵化後的數天到數十天之間，幾乎都會死亡。即使能夠順利成長，但也容易遭受天敵襲擊，因此能夠活到壽命終結的個體少之又少。

生物	壽命
鯖魚	6～7年
鯡魚	20年
鯨鯊	70年
鯰魚	15年
鰻魚	20～30年
鱒魚	18年

生物	壽命
大白鯊	70年
太平洋睡鯊	200年
孔雀魚	1～2年
金魚	7年
青鱂魚	2年
香魚	1年
海馬	1～5年
腔棘魚	60年
錦鯉	40年
鮭魚	3～5年

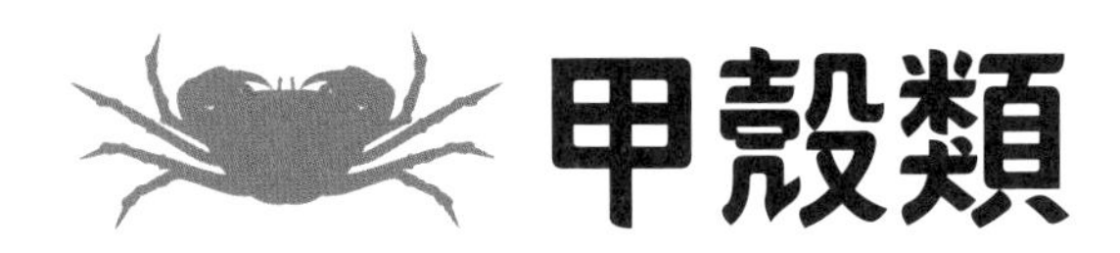

甲殼類

不同種類的甲殼類動物，其壽命長短有很大的差異，例如蝦子的壽命一般都是2年，但是像龍蝦這類卻能活到20年以上。螃蟹的壽命長短也會依據物種而有所不同，不過大部分的甲殼類動物可說都是被天敵吃掉而死亡的。

生物	壽命
寄居蟹	15年
琥珀蝸牛	1年
椰子蟹	50年
漢氏澤蟹	2～3年
龍蝦	25～30年

生物	壽命
大硨磲貝	100年
日本米蝦	1年
水蚤	1個月
甘氏巨螯蟹	100年
肉球近方蟹	3年
美國螯蝦	2～3年

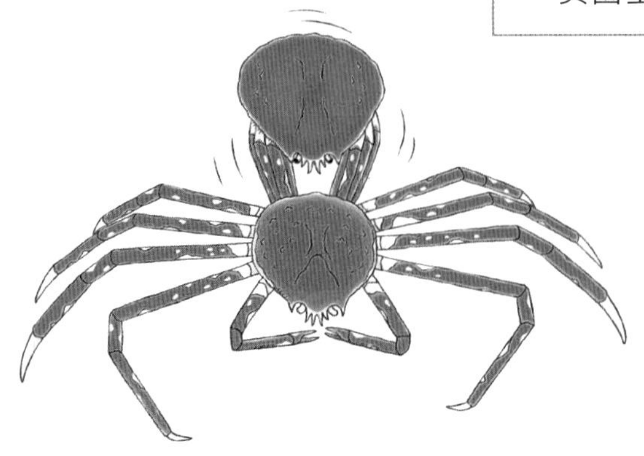

昆蟲類

昆蟲類動物通常在從幼蟲變為成蟲的過程中，都會經歷變態這個階段。幾乎所有的成蟲都是為了要繁衍後代而生存，因此大多數的昆蟲在交配後就會相繼死去。同種內，一部分個體會被天敵吃掉而死去，然而因為數量極多，不少個體都能活到終老、完成繁殖任務。

生物	壽命
南洋大兜蟲	2～2.5年
扁鍬形蟲	2～3年
胡蜂（工蜂）	1.5個月
胡蜂（蜂后）	5～6年
家蠶	1.5個月
狼蛛※	20年
蚊子	30～50天
條紋鍬形蟲	2.5～3年
深山鍬形蟲	3~7年
無霸勾蜓	5年

生物	壽命
中華劍角蝗	1年
日本熊蟬	2～5年
日本鐘蟋	3～4個月
木蜂	1年
白粉蝶	70天
東亞飛蝗	2～3個月
果蠅	40～50天
金龜子	8～10個月
長戟大兜蟲	1.5～2年
長腳蜂	1年

※ 並非昆蟲。

生物	壽命
瓢蟲	2年
螞蟻（工蟻）	1年
螞蟻（蟻后）	20年
鋸鍬形蟲	2～3年
螳螂	1年
螽斯	1年
蟋蟀	1年
蟑螂	3～10個月
鍬形蟲	2～7年
蟬	7年
蟻蛉	3年
蠍子※	3～8年
艷金龜	1年

※ 並非昆蟲。

生物	壽命
源氏螢	1～2年
椿象	1年
蜈蚣※	6～7年
蜉蝣	1年
跳蚤	3週～3個月
跳蛛※	1～2年
鼠婦	4年
蒼蠅	1個月
蜜蜂	1年
蜜蜂（蜂后）	1～3年
蜱蟎※	1～3年
蜻蜓	1.5～2.5年
鳳蝶	2～3個月
蝨子	2個月
獨角仙	1年

參考文獻

- 《有淚不輕彈動物圖鑑》今泉忠明監修（晨星）
- 《超有趣！演化的不可思議　殘念生物事典》（おもしろい！進化のふしぎ　ところんざんねんないきもの事典）今泉忠明監修（高橋書店）
- 《生物為何會死亡》（生物はなぜ死ぬのか）小林武彥著（講談社）
- 《為何生物會有壽命？》（なぜ生物に寿命はあるのか?）池田清彥著（PHP研究社）
- 《生物壽命圖鑑》（いきもの寿命ずかん）新宅廣二著（東京書籍）
- 《世界動物大圖鑑》（世界動物大図鑑）David Birney總編輯、日高敏隆日本語版總監修（NEKO PUBLISHING）
- 《日本動物大百科》（日本動物大百科）8～10巻　日高敏隆監修（平凡社）
- 《世界百科全書　第2版》（世界大百科事典　第2版）（平凡社）
- 《大自然的不可思議　增捕改訂　動物的生態圖鑑》（大自然のふしぎ　増捕改訂　動物の生態図鑑）（學研教育出版）
- 《貓咪觀察：獻給貓愛者的動物行為學》（キャット・ウォッチング: ネコ好きのための動物行動学）Desmond Morris著（平凡社）
- 《東大八公犬物語：上野博士、小八，人與犬之間的羈絆》（東大ハチ公物語: 上野博士とハチ、そして人と犬のつながり）一之瀨正樹、鄭木春彥編（東京大學出版會）
- 《動物園・歷史與冒險》（動物園・その歴史と冒険）溝井裕一著（中央公論新社）

監修

今泉忠明

1944年出生於日本東京都。東京水產大學（現今的東京海洋大學）畢業。在日本國立學博物館學習哺乳類的分類學和生態學。參與過文省部（現今的文部科學省）的國際生物學事業計畫調查，以及環境廳（現今的環境省）的西表山貓等生態調查。此外，目前也正參與東北野兔及日本水獺的生態、富士山的動物相、從鼴鼱開始進行小型哺乳類動物的生態與行動等調查。擔任過上野動物園的動物解說員、貓咪博物館的館長、日本動物科學研究所所長等。監修作品有《殘念生物事典》（高橋書店）等多部圖鑑。

繪圖

下間文惠

1981年出生於日本千葉縣。武藏野美術大學畢業。
曾任遊戲公司、文具公司的角色設計工作，現在則負責海報、雜誌、童書等插圖繪製、Logo設計等各項媒體活動。
繪製作品有《殘念生物事典》系列書籍（高橋書店）、《令人驚奇的植物圖鑑》（SB Creative）等。

生物死亡研究所

監　　修　今泉忠明
繪　　圖　下間文惠
審　　訂　曾文宣
譯　　者　劉子韻
特約編輯　謝宜珊
主　　編　王衣卉
行銷企劃　王綾翊
裝幀設計　evian

總 編 輯　梁芳春
董 事 長　趙政岷
出 版 者　時報文化出版企業股份有限公司
　　　　　108019台北市和平西路三段240號7樓
發行專線　(02)2306-6842
讀者服務專線　0800-231-705、(02)2304-7103
讀者服務傳真　(02)2304-6858
郵　　撥　1934-4724時報文化出版公司
信　　箱　10899臺北華江橋郵局第99信箱
時報悅讀網　www.readingtimes.com.tw
電子郵件信箱　yoho@readingtimes.com.tw
時報出版愛讀者粉絲團　http://www.facebook.com/readingtimes.2
法律顧問　理律法律事務所 陳長文律師、李念祖律師
印　　刷　華展印刷有限公司
初版一刷　2024年9月13日
建議售價　新台幣380元

生物死亡研究所/今泉忠明監修；劉子韻翻譯. -- 初版. -- 臺北市：時報文化出版企業股份有限公司, 2024.09
144面；14.8×21公分
ISBN 978-626-396-195-1(平裝)

1.CST: 死亡 2.CST: 動物生態學

383.5　　113005103

ISBN 978-626-396-195-1

時報文化出版公司成立於一九七五年，並於一九九九年股票上櫃公開發行，於二〇〇八年脫離中時集團非屬旺中，以「尊重智慧與創意的文化事業」為信念。